物联网
安装调试与运维

姚 明 孙昕炜 王恒心 李 江 主 编 初级
林晓东 王信约 张乒乒 副主编

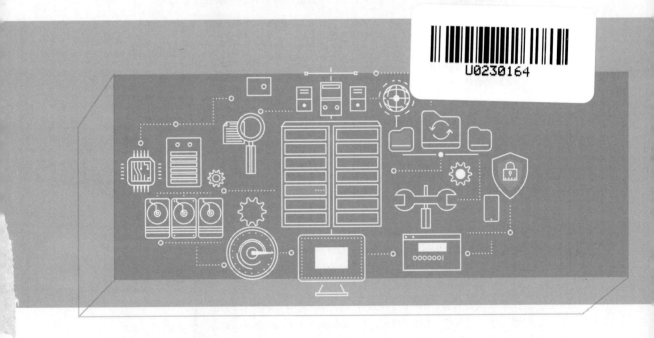

清华大学出版社
北 京

内 容 简 介

本书是 1+X 职业技能等级证书——物联网安装调试与运维（初级）的配套图书。

本书在编写思路上打破了基于知识点结构的传统课程架构，力求建立以项目为核心，以兴趣为导向的课程思路，倡导"先做后学•边做边学"的教学方式。

全书借助智慧温室、智能气象站、智能安防、智慧社区四个物联网应用场景，通过对智能终端组网、数据管理构建、物联网云平台应用、物联网系统运维四个工作领域的实践与理论的学习，来提升读者的物联网安装调试与运维能力。

本书可作为职业教育物联网及相关专业核心课程的教材，也可作为 1+X 职业技能等级证书——物联网安装调试与运维（初级）的认证培训用书，还可作为从事物联网安装调试、物联网项目安装与调试、物联网项目运维、物联网项目售后技术支持等职业岗位人员和物联网技术爱好者的参考用书。

图书在版编目（CIP）数据

物联网安装调试与运维：初级 / 姚明等主编 . —北京：清华大学出版社，2022.4
ISBN 978-7-302-60322-1

Ⅰ.①物… Ⅱ.①姚… Ⅲ.①物联网－技术培训－教材 Ⅳ.① TP393.4 ② TP18

中国版本图书馆 CIP 数据核字 (2022) 第 040469 号

责任编辑：袁金敏
封面设计：杨玉兰
版式设计：方加青
责任校对：徐俊伟
责任印制：朱雨萌

出版发行：清华大学出版社
       网　　　址：http://www.tup.com.cn，http://www.wqbook.com
       地　　　址：北京清华大学学研大厦 A 座　　　　邮　　编：100084
       社 总 机：010-83470000　　　　　　　　　　邮　　购：010-83470235
       投稿与读者服务：010-62776969，c-service@tup.tsinghua.edu.cn
       质 量 反 馈：010-62772015，zhiliang@tup.tsinghua.edu.cn
印 装 者：北京同文印刷有限责任公司
经　　销：全国新华书店
开　　本：185mm×260mm　　　印　　张：16.75　　　字　　数：370 千字
版　　次：2022 年 4 月第 1 版　　　印　　次：2022 年 4 月第 1 次印刷
定　　价：59.00 元

产品编号：094339-01

前　　言

以新一代信息技术为代表的全球性科技革命，因其强大的渗透力、融合力和驱动力，正在工业、服务业等领域引发深刻而颠覆性的变革。数字技术赋能产业转型升级已成为共识。智能经济与产业深度融合将是区域经济发展的大趋势，尤其是物联网、大数据、云计算、人工智能、5G和区块链等数字技术的广泛应用，更为产业与经济的腾飞插上了翅膀。

目前，物联网已呈全球发展趋势，其发展几乎涵盖所有的领域。随着物联网时代的来临，为迅速抢占物联网先机，众多新型企业将会纷纷崛起，使得物联网行业呈现"井喷"的发展状态，但这也导致该行业的人才出现严重短缺。而当前许多相关院校因缺乏可直接借鉴的成功经验，在专业建设中不免暴露出课程体系未能打破学科壁垒、教学内容与实际岗位需求脱节、缺乏教材和教学资源等诸多问题，导致培养的学生不能满足产业发展的要求。

在此背景下，我们编写了本书，以实现人才培养与1+X职业技能等级证书的对接，即开发适用的教材，以顺应社会发展、师生发展的需要。

本书内容

全书共设计了智慧温室智能终端安装与配置、智能气象站数据管道构建、智能安防云平台配置与应用、智慧社区物联网系统运维四个教学项目。每个项目又分为若干个任务，每个任务包含任务描述、任务工单与任务准备、任务实施、知识提炼、任务评估、拓展练习等教学环节。通过任务式的操作，读者可获得直观、贴近实际的体验，并在此基础上深化基础知识与技术的学习。这一流程的设计遵循"先感性后理性，先具体后抽象"的认知特点，注重学习能力的培养，为后续专业发展服务。

本书特色

本书的设计充分体现"做中学""学中做"的理念，通过应用情境的故事化和项目设计的趣味性来培养学生的学习兴趣，摒弃空洞的理论讲解，借助大量的操作实践来提升其物联网安装与调试能力。教材以教学项目的实施为主线，注重实践，通过在任务中穿插与之关联的知识链接来扩充学生的知识量，在任务实施中强调工匠精神和职业素养的渗透。

教材的编写工作由具有项目实战能力的企业工程师和具有丰富教学经验的院校骨干专业教师组成的开发团队来完成。在开发过程中引入企业项目资源，结合学校所积累的教学经验，通过校企合作的方式来保障教材内容的科学性、新颖性和适用性。

本书可作为职业教育物联网及相关专业核心课程的教材，也可作为1+X职业技能等级证书——物联网安装调试与运维（初级）的认证培训用书，还可作为从事物联网安装调试、物联网项目安装与调试、物联网项目运行维护、物联网项目售后技术支持等职业岗位人员和物联网技术爱好者的参考用书。

教学建议

本书建议教师采用"理实一体化"的教学环境，尽可能在互动环节中完成教学任务。教学参考学时为64学时（见下表），最终课时的安排，教师可根据培训教学计划的安排、教学方式的选择（集中学习或分散学习）、教学内容的增删等进行自行调节。

项目	任务	课时
项目1　智慧温室智能终端安装与配置	任务1 警示灯安装	4
	任务2 温湿度传感器安装与配置	6
	任务3 百叶箱型温湿度传感器安装与配置	4
	任务4 二氧化碳传感器安装与配置	4
项目2　智能气象站数据管道构建	任务1 联动控制器安装与设备端配置	6
	任务2 多模链路控制器安装与配置	6
	任务3 网络跳线制作	4
	任务4 路由器配置与组网	4
项目3　智能安防云平台配置与应用	任务1 终端设备绑定与接入	4
	任务2 云平台可视化组态	6
	任务3 数据监测与分析	6
项目4　智慧社区物联网系统运维	任务1 日常巡检与系统功能升级	4
	任务2 系统故障检测与排除	6

编者与致谢

本书由姚明、孙昕炜、王恒心、李江主编，王恒心主审，项目1由王恒心、李江、林晓东编写，项目2由张乒乓、姚明编写，项目3由王信约、孙昕炜编写，项目4由李江编写。本书还得到了许多行业教育专家的大力支持和帮助，在此表示衷心的感谢。

由于编者水平有限，加上物联网技术发展日新月异，书中难免存在错误和疏漏，敬请广大读者批评指正。

编者

目　录

项目 1
智慧温室智能终端
安装与配置

项目概况 ▶

　　智慧温室（图1-1）主要利用传感器等设备自动采集温室环境数据，再与设定的模型实时比较，通过控制光照、制冷、制热、加湿、除湿、二氧化碳（CO_2）补充等设备，直接调节室内的温、光、水、肥、气等因素，使农业生产更加精准、精细。智慧温室的控制一般由信号采集系统、中心计算机、控制系统三大部分组成。本项目的主要任务是完成智慧温室信号采集系统的部署和智能终端设备的安装与维护。

图1-1　智慧温室

　　小毛是本项目的实施人员，工作中他将运用专业知识与技能，以应用需求为指引，在特定场景中凭借规范、严谨的专业素养，完成温湿度传感器、百叶箱型温湿度传感器、二氧化碳传感器和警示灯、排风扇等执行器的安装、配置和维护。

　　通过对本项目的学习，读者能够根据应用需求和智能终端设备的特性完成设备安装、配置和运行维护；能够更加直观地认识传感器组成、类别、工作原理和发展方向；能够理解和区分模拟量与数字量，以及二者间的转换；能够使用万用表等工具检测线路的连通性。在各实践环节中不断增强协作能力，提高劳动规范和用电安全意识。

1.1 任务1 警示灯安装

1.1.1 任务描述

因智慧温室建设需要，急需安装警示灯等执行器。现要求物联网智能终端实施人员小毛根据任务工单要求在现场完成执行设备、配线槽、接线端子的安装和布线工作。

任务实施之前，实施人员需认真研读任务工单和系统设计图，充分做好实施前的准备工作。

任务实施过程中，首先使用配线槽、接线端子等部件规范工程布线；然后安装警示灯等设备，实现设备与电源的线路连接，并使用万用表检测连通性。同时，在实践中以实际行动体现严谨细致的工作态度，把每一个细节都考虑周密、严谨、细致。

任务实施之后，进一步牢记安全用电知识，熟悉万用表及其使用方法，掌握压接冷压接线端子的方法，了解和践行"7S"管理要求。

1.1.2 任务工单与任务准备

1.1.2.1 任务工单

安装警示灯的任务工单如表1-1所示。

表1-1 任务工单

任务名称	警示灯安装		
负责人姓名	毛××	联系方式	135××××××××
实施日期	20××年××月××日	预计工时	2h
设备选型情况	警示灯选用红色带线警示灯，型号为LTE-5061，电压为DC 12V；按钮开关选用自锁式控制按钮，型号为YJ139-LA38；开关电源，型号为RD-125A，输出电压为DC 12V、DC 5V		
工具与材料	方形PVC绝缘配线槽（宽3.5cm，高3cm）10m，十字螺丝刀1把，小一字螺丝刀1把，数字式万用表1台，螺丝（M4×16）、螺母、垫片24套，红黑导线2m，剥线钳1把，斜口钳1把，角度剪1把，线鼻子压线钳1把，压线钳1把，尖嘴钳1把，电工胶布1卷，红、黑线鼻子各2个，轨道式接线端子若干片，接线端子轨道1片，自攻螺钉/抽芯铆钉		
工作场地情况	室内，操作面上无杂物，需要自行安装配线槽等		
外观、功能、性能描述	需要将配线槽合理布置在操作面上，安装并调试警示灯电路，所有连接电源的线都要先经过接线端子，线路都要走配线槽，与轨道式接线端子连接的导线都需要制作对应颜色的线鼻子		

任务名称	警示灯安装		
进度安排	① 8：30～9：20完成配线槽的裁剪与安装工作； ② 9：20～10：00完成警示灯电路的安装； ③ 10：00～10：30调试警示灯电路，交付使用		
实施人员	以小组为单位，成员2人		
结果评估（自评）	完成□　　基本完成□　　未完成□　　未开工□		
情况说明			
客户评估	很满意□　　满意□　　不满意□　　很不满意□		
客户签字			
公司评估	优秀□　　良好□　　合格□　　不合格□		

1.1.2.2　任务准备

实施人员需明确任务要求，了解任务实施环境情况，完成设备选型，准备好相关工具和足量的耗材，安排好人员分工和时间进度。

需要准备好的设备和材料有：方形PVC绝缘配线槽、螺丝、螺母、垫片、轨道式接线端子、接线端子轨道、红黑导线、线鼻子、电工胶布、红色带线警示灯、自锁式控制按钮开关等。

需要准备好的工具有：十字螺丝刀、小一字螺丝刀、角度剪或铁皮剪刀、剥线钳、压线钳、手工锯、数字式万用表等。

想一想

什么是配线槽？配线槽的作用是什么？

1.1.3　任务实施

1.1.3.1　解读任务工单

实施人员需使用准备好的工具，在室内指定实训架上安装方形PVC配线槽、红色带线警示灯与型号为YJ139-LA38的自锁式控制按钮开关。安装完成后，按下自锁式控制按钮开关，红色警示灯开始闪烁；再次按下自锁式控制按钮开关，红色警示灯停止闪烁。该任务计划由2名施工人员在2h内完成配线槽的安装、警示灯电路的安装和调试等工作，运行正常后交付使用。

1.1.3.2　识读系统设计图

图1-2是本任务的系统设计图，工程实施人员需根据设计图进行安装调试。

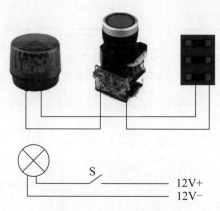

图1-2　警示灯系统设计图

1.1.3.3　安装设备

1．安装配线槽

1）挑选配线槽

从图1-3所示的各种常见配线槽中挑选出符合本任务要求的方形PVC绝缘配线槽。该配线槽侧面和底部均有开孔，如图1-4所示，因此不用打孔也能方便地将配线槽固定到实训架上。

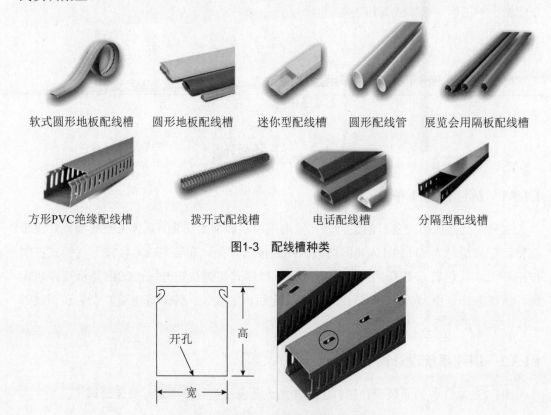

软式圆形地板配线槽　　圆形地板配线槽　　迷你型配线槽　　圆形配线管　　展览会用隔板配线槽

方形PVC绝缘配线槽　　拨开式配线槽　　电话配线槽　　分隔型配线槽

图1-3　配线槽种类

图1-4　方形PVC绝缘配线槽的开孔位置

知识链接：配线槽与配线槽分类

　　配线槽又称走线槽，是用来将电源线、数据线等线材规范整理、固定在设备安装架、墙面或者天花板上的布线耗材。

　　根据用途的不同，配线槽可分为许多种类，常见的有：绝缘配线槽、拔开式配线槽、迷你型配线槽、分隔型配线槽、室内装潢配线槽、一体式绝缘配线槽、电话配线槽、日式电话配线槽、明线配线槽、圆形配线管、展览会用隔板配线槽、圆形地板配线槽、软式圆形地板配线槽、盖式配线槽等。

　　2）裁剪配线槽

　　根据物联网实训使用的设备安装铁架的尺寸，使用铁皮剪刀或手工锯，完成配线槽裁剪。

　　各种规格配线槽的配套附件有：阳转角、阴转角、曲弯角、单通、二通、三通、四通、内连接头、外连接头和封堵等。如图1-5所示为几种常用配套附件的实物图。

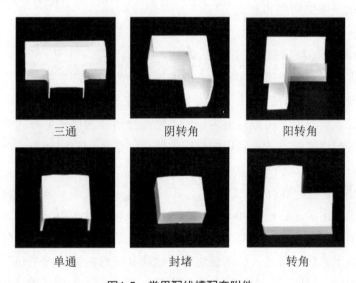

　　三通　　　　　　　　阴转角　　　　　　　　阳转角

　　单通　　　　　　　　封堵　　　　　　　　　转角

图1-5　常用配线槽配套附件

　　在安装时若使用这些配套附件，就很容易实现配线槽槽路的转角、分支、驳接等。常规配线槽在装配时只要将所需的配线槽配套附件套接在配线槽端头上，再用自攻螺钉或抽芯铆钉固定即可。

　　当缺少配线槽配套附件时，也可以使用下列方法施工安装。

　　（1）缺少连接头时的施工方法。

　　内（外）连接头附件适用于同规格配线槽之间的驳接。施工时可截一段长约15～20cm的同规格的配线槽，代替连接头成品嵌接在驳接口上。"接头"一般嵌于配线槽内部（内接头）以保持整条配线槽的外形美观。接上"接头"钻好孔后，用自攻螺钉将"接头"固定好。

注意：在盖配线槽盖时，应使配线槽驳接口与槽盖接口相互错位，避免两接口重叠在一起，这样可提高整条配线槽的刚性。

（2）缺少曲弯角接头时的施工方法。

曲弯角接头适用于配线槽作90°水平弯曲的场合。具体制作方法如下：用专用的角度剪将配线槽剪成45°角（如图1-6所示，如无角度剪，可在配线槽底部需转弯的地方用角尺画出45°线，然后用铁皮剪沿所画线条位置剪开），再将配线槽弯曲、搭接后铆固便可。配线槽盖作90°水平弯曲时也可按此方法制作。

图1-6　角度剪的使用

（3）缺少阳转角接头时的施工方法。

阳转角接头适用于配线槽作90°外弯曲的场合。制作时，先在一条配线槽的端头底部上按槽侧高度画线，用剪刀剪出一个口子；再在另一条配线槽端头上，沿槽底面与两槽侧面的曲缝处各剪一刀，剪口深度为槽侧高度；然后弯曲槽底剪开部分，用该弯曲部分搭接在前一条配线槽端口子上，用铆钉固定即可。该处相应的槽盖弯曲制作，可参见缺少阴转角接头时的施工方法。

（4）缺少阴转角接头时的施工方法。

阴转角接头适用于配线槽作90°内弯曲的场合，可通过裁剪配线槽本身来制作。具体制作方法如下：在配线槽需内弯部位的两边槽侧上画线，用铁皮剪刀剪成两个45°缺口，再将配线槽于缺口处折曲，使槽侧边的斜边向外，然后铆接固定即可。为了制作简便，相应部位的槽盖弯曲，可在盖侧两边各剪两道缝，沿缝曲折槽盖制成。

（5）缺少三通或四通时的施工方法。

三通或四通在配线槽布线施工中起分支配线槽和驳接电线接头盒的作用。

配线槽作三通（"T"形分支）连接时的施工步骤如下。

步骤1：在被分支的配线槽上，按分支配线槽宽度画线，再沿线剪开，将被剪开的两块配线槽沿根部弯成直角，作为配线槽分支连接好待用。

步骤2：按被分支配线槽宽度的1/2到2/3，在分支配线槽端部画线，沿线将其剪成"凸"形端头。

步骤3：将分支配线槽"凸"形端头插入被分支配线槽的剪开口中，使其相互搭接，用铆钉固定。

步骤4：在被分支配线槽盖侧边的一面，按分支槽盖的宽度剪一口子。在分支槽盖的端头剪去稍短的盖侧边，制成"凸"形端头，使此端头能插进被分支配线槽盖的开口里，这样两条配线槽盖便搭接盖紧了。

配线槽的四通（"十"字分支）制作方法与"T"形接法相同，区别仅是在"T"形顶上再接一配线槽。

（6）配线槽封堵的制作方法。

封堵用于当配线槽敷设到尽头时，其配线槽端头作封闭之用。自制封堵可通过裁剪配线槽盖来达到封堵配线槽端头的目的。裁剪方法为：先将配线槽端头的两个槽侧壁剪成45°角，再在配线槽盖两侧壁上，按离槽盖端2倍于配线槽高度的地方剪出口子，并且将槽盖端两侧也剪成45°角。然后在槽盖剪出的开口处。把槽盖弯曲成45°角，使槽盖能与配线槽两个45°侧壁相吻合。

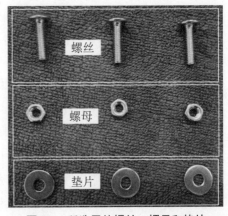

图1-7 所选用的螺丝、螺母和垫片

3）固定配线槽

配线槽裁剪完毕后，挑选合适的螺丝（M4×16）、螺母、垫片，如图1-7所示，使用十字螺丝刀和尖嘴钳将其固定在实训架上。

知识链接：螺丝、螺母和垫片

螺丝主要是把两个工件连在一起，起紧固的作用。螺丝是一般设备上都要用到的，比如手机、计算机、自行车、各种机床等。螺丝主要分为普通螺丝、机螺丝、自攻螺丝和膨胀螺丝几种。

螺丝型号用类似"M4×16"的形式表示："M"表示普通三角螺纹，"4"表示公称直径，"16"表示长度，直径和长度的单位均为mm。常见螺丝头部外形有圆柱头、半沉头、沉头、球面圆柱头、盘头、半圆头、六角头等，如图1-8所示。

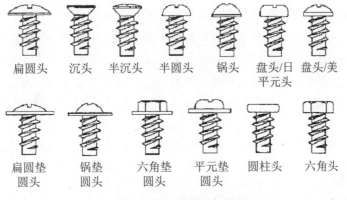

图1-8 常见螺丝头部外形

螺母也称为螺帽，是与同等规格的螺栓或螺杆通过内侧的螺纹拧在一起，用来起紧固作用的零件。依据螺母的使用状况及功能要求会在对边和形状上有不同设计。本任务所使用的是六角螺母，它与螺丝、垫片配合使用，起到连接紧固机件的作用。螺母的主要种类有自锁螺母、防松螺母、锁紧螺母、四爪螺母、旋入螺母、保险螺母、细杆螺钉连接螺母、自锁六角盖形螺母、专用地脚螺钉用螺母、六角冕形薄螺母、吊环螺母等。

垫片是指用纸、橡皮片或铜片制成，放在两平面之间以加强密封的材料，为防止流体泄漏设置在静密封面之间的密封零件。垫片的作用是增大接触面积，减小压力，保护零件和螺丝。

使用十字螺丝刀和尖嘴钳拧紧螺丝，将裁剪完成的配线槽固定在需要的位置。由于实训架面积比较大，这项工作需要两人配合完成，一人负责安装设备，用螺丝刀拧螺丝，另一人在实训架后面给螺丝上垫片和螺母，使用尖嘴钳固定螺母，待螺丝拧紧后再松开尖嘴钳。配线槽安装完成后的效果如图1-9所示，每段PVC配线槽至少要用3套螺丝固定。

图1-9　配线槽安装效果

知识链接：PVC绝缘配线槽安装的基本要求

配线槽的安装位置应符合施工图要求，左右偏差不应超过50mm；配线槽应与地面保持垂直；配线槽截断处及两配线槽拼接处应平滑、无毛刺；采用吊顶支撑柱布放缆线时，支撑点宜避开地面沟槽和配线槽位置，支撑应牢固；垂直敷设时，距地1.8m以下部分应加金属盖板保护或采用金属走线柜包封，门应可开启；配线槽转弯半径不应小于槽内缆线的最小允许弯曲半径，配线槽直角弯处最小弯曲半径不应小于槽内最粗缆线外径的10倍；配线槽穿过防火墙体或楼板时，在缆线布放完成后应采取防火封堵措施；敷设在网络地板中的配线槽之间应沟通，配线槽盖板应可开启，主配线槽的宽度宜在200~400mm，支配线槽宽度不宜小于70mm；地板块与配线槽盖板应抗压、抗冲击和阻燃。

2. 安装警示灯

本任务使用的警示灯如图1-10所示，警示灯底部配有螺丝。配线槽固定后，一位施工人员将警示灯的螺丝直接插入实训架上合适的孔中，另一位施工人员在实训架的背面，先将垫片放入警示灯的螺丝上，再拧上螺母，用尖嘴钳将螺母拧紧。

3. 安装自锁式控制按钮

本任务使用的自锁式控制按钮开关为点动按钮开关，它带有一组常开触点和一组常闭触点，如图1-11所示。常开触点在没按下按钮时，线路为断开状态，常闭触点在没有按下按钮时，线路为闭合状态；按下按钮后，常开触点闭合，常闭触点断开。该按钮开关的固定方式有两种，一种是用螺丝固定，另外一种是用导轨固定。如果选用螺丝固定，则需要先将导线从开关引出，再用螺丝固定按钮开关。

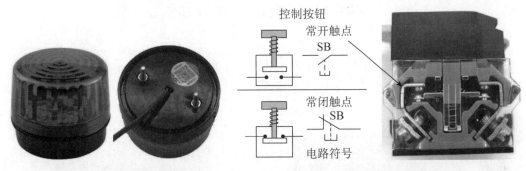

图1-10　警示灯正、反面　　　　　图1-11　自锁式控制按钮开关触点

根据电路图要求，本任务使用的是常开开关。可用十字螺丝刀拧开自锁式控制按钮常开触点上面的接线端子的螺丝，将准备好的长度合适并剥去绝缘层的导线放入接线端子，拧紧螺丝，如图1-12所示。再使用M4×16型螺丝、垫片和螺母将自锁式控制按钮固定在实训架上；将导线放入配线槽，一端与警示灯的正极连接，另一端通过制作的线鼻子与接线端子的电源正极连接。

1. 拧开螺丝　　　　　2. 放入导线　　　　　3. 拧上螺丝

图1-12　开关连接导线

4. 安装接线端子

组合型接线端子排可由若干单片接线端子连接而成，它的外观结构如图1-13所示。本任务所用接线端子采用的是轨道式快速直插弹簧接线端子。

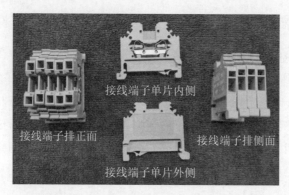

图1-13　轨道式接线端子及端子排结构

安装接线端子排的步骤如下。

步骤1：安装接线端子导轨，用于固定接线端子排，如图1-14所示。

步骤2：将若干单片接线端子依次连接成排。

步骤3：将接线端子排安装在导轨上，并认真检查是否安装牢固，如图1-15所示。

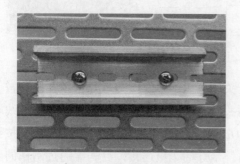

图1-14　接线端子导轨

图1-15　接线端子排安装效果

接线端子采用的是直插弹簧式接线设计，如图1-16所示，使用小一字螺丝刀从2号孔或3号孔插入，将内部金属片向下压，再将剥好的导线插入1号孔位，拔出小一字螺丝刀，此时金属片自动复位，牢牢地将导线卡住，一端的导线就连接完成了。另外一端也采用相同的方法来连接另一根导线。

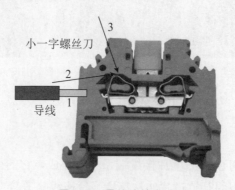

图1-16　导线连接方法

知识链接：接线端子及分类

接线端子是用于实现电气连接的一种配件产品，是为了方便导线的连接而应用的。它其实就是一段封在绝缘塑料里面的金属片，两端都有孔可以插入导线，有螺丝等装置将其紧固或者松开。比如两根导线，有时需要连接，有时又需要断开，这时就可以用接线端子把它们连接起来，而不必把它们焊接起来或者缠绕在一起，既方便快捷，又便于信号检测、系统调试。在电力行业中有专门的端子排、端子箱，上面装有大量的接线端子，有单层的和双层的接线端子、大电流接线端子和电压端子、普通的和可断开的接线端子等。接线端子可以分为插拔式接线端子系列、变压器接线端子、建筑物接线端子、栅栏式接线端子系列、弹簧式接线端子系列、轨道式接线端子系列、穿墙式接线端子系列、光电耦合型接线端子系列等。其中轨道式接线端子采用压线和独特的螺纹自锁设计，使得接线连接可靠、安全。常见的接线端子如图 1-17 所示。

图1-17　常见的接线端子

想一想

请列举出警示灯的5个使用场景。

5. 连接线路

1）剥线

剥线即使用剥线钳剥除导线头部的表面绝缘层，使得导线铜芯裸露，如图1-18所示。具体操作步骤如下。

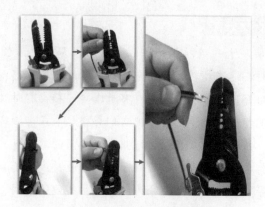

图1-18　剥线钳使用示意图

步骤1：根据导线的线径，选择相应的剥线刀口。

步骤2：将准备好的导线放在剥线钳的刀刃中间，选择好要剥线的长度。本实训项目所需导线剥线长度约0.8cm左右。

步骤3：握住剥线钳手柄，将导线夹住，缓缓用力使导线绝缘层慢慢剥落。

步骤4：松开剥线钳，取出导线，此时导线铜芯整齐露出，其余绝缘层完好。

知识链接：剥线工艺与技巧

规范的剥线操作才能保障用来连接的导线安全耐用，具体工艺要求如下。

（1）去除导线外部绝缘层而不削到内部线芯是至关重要的。如果线芯有缺口，导线能承受的电流会降低，线路可能会断开或发生短路。图1-19（a）所示为线芯没有划伤或凹坑的导线。

（2）在剥离多股导线（软导线）时，剥出来的铜丝可能会分叉，为了防止由于单股铜丝分叉引起短路故障，需要将剥出来的铜丝拧成一股，如图1-19（b）所示。

（3）导线线径与剥线钳中正确的刀口的匹配度非常重要。如果刀口太大，绝缘层不会被剥离；如果刀口太小，则存在损坏导线的风险，弯曲导线时也容易被折断。图1-19（c）即为绝缘层没有被正确地剥离，有划伤、凹坑或缺失的线股。如果剥线时意外地在线芯上留下缺口，最好是切断导线的损坏部分重新再剥一次。

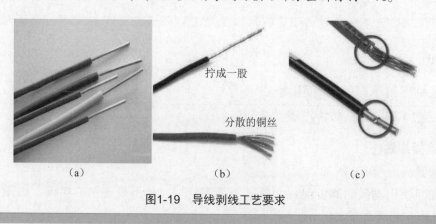

（a）　　　　　　　　　　（b）　　　　　　　　　　（c）

图1-19　导线剥线工艺要求

2）设备连接

设备连接指根据系统设计图进行线路连接，具体操作包括制作导线、警示灯与自锁式控制按钮的连接、自锁式控制按钮与电源的连接三个环节。

（1）制作导线。

警示灯自带的导线长度有限，需要根据警示灯与自锁式控制按钮和电源所在位置的实际距离来延长导线。可使用剥线钳的剪线部分剪取一段长度适宜的红黑导线作为延长导线。

根据工艺要求，警示灯的延长导线需通过接线端子与电源连接，具体操作步骤如下。

步骤1：对照图1-20，实现警示灯自带导线与红黑导线的一端的连接；二者可靠连接后，再使用绝缘胶带对其进行密封与固定，效果如图1-21所示。

图1-20　导线连接　　　　　　　　　　　　图1-21　包绝缘胶带

"一"字形连接的导线接头可按图1-22所示步骤进行绝缘处理，先从接头左边完好的绝缘层上开始包缠，包缠两圈后进入剥除了绝缘层的线芯部分。每圈压叠胶带宽度的1/2，直至包缠到接头右边绝缘层完好处，然后再缠两圈。将绝缘胶带按另一斜叠方向从右向左包缠，仍每圈压叠胶带宽度的1/2，直至完全包缠。包缠过程中应用力拉紧胶带，不可稀疏，更不能露出线芯，以确保绝缘质量和用电安全。

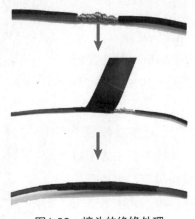

图1-22　接头的绝缘处理

步骤2：将延长导线另一端的2根导线，分别装上2种颜色的线鼻子。线鼻子的制作过程如图1-23所示，使用线鼻子压线钳，将线鼻子与剥好的导线铜丝压在一起。注意把握好导线剥离的长度，不能出现漏铜现象。将做好线鼻子的导线依次插入轨道式接线端子，效果如图1-24所示。

图1-23　线鼻子制作过程

图1-24　线鼻子与接线端子连接

知识链接：线鼻子

　　线鼻子常用于电缆末端的连接和续接，能让电缆和电器连接更牢固、更安全，是建筑、电力设备、电器连接等常用的材料。一般导线与接线端子连接时，按照国家接线规范要求，电缆末端连接均需使用对应的接线端子；而如果是截面4mm²以上的多股铜线则需装接线鼻子，再与接线端子连接。这样产品外观规范，导电性能好，安全。

　　（2）警示灯与自锁式控制按钮的连接。

　　警示灯的红色延长线与自锁式控制按钮常开触点输入端连接，如图1-25所示。

　　操作过程为：使用十字螺丝刀逆时针拧开自锁式控制按钮常开开关输入端的螺丝，将剥好的导线从螺丝下方的左侧插入，再用十字螺丝刀顺时针拧紧螺丝。

　　（3）自锁式控制按钮与电源的连接。

　　步骤1： 将自锁式控制按钮输出端与接线端子的电源正极连接，警示灯的黑色延长线直接与接线端子的电源负极连接。

图1-25　警示灯与自锁式控制按钮的连接

　　步骤2： 剪一段红黑导线用于连接接线端子与电源；红色导线接入第一片接线端子下方卡口中，与上方卡口中的红色导线相对应，黑色导线接入最后一片接线端子下方卡口中，与上方卡口的黑色导线相对应，接红、黑色导线的卡口要分开一定的距离，以便使用扩展卡片进行电源的扩展。效果如图1-26所示。

　　步骤3： 红黑导线的另一端与电源上标识12V的接线端子相连接，其中红色线接电源正

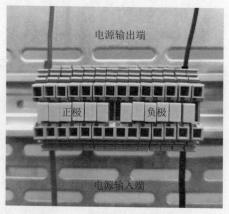

图1-26　接线端子两端的接线

极，黑色线接电源负极，如图1-27所示。

通过以上操作，整体安装与布线效果如图1-28所示。

图1-27　电源线路连接

图1-28　整体安装与布线效果

1.1.3.4　使用万用表检测线路

电路安装完毕后，施工人员需要使用万用表对各段电路进行测量，确保安全后才能通电测试。

步骤1： 在未给设备通电的情况下，将数字式万用表的挡位拨到蜂鸣挡，用红、黑表笔分别测量电源DC 12V位置的红、黑线，如果万用表蜂鸣器发出蜂鸣声，说明电路存在短路现象，需进一步仔细检查电路连接；如果没有发出蜂鸣声，则说明电源部分未发生短路。

步骤2： 将万用表红色表笔接触自锁式控制按钮的电源输入端，黑色表笔接触自锁式控制按钮的电源输出端，如图1-29所示。在未按下按钮的情况下，蜂鸣器是不会发声的，如果此时万用表蜂鸣器开始发出声音，则说明自锁式控制按钮的常开、常闭触点接错或出现短路现象。正常情况是当按下自锁式控制按钮后，蜂鸣器开始发出蜂鸣声，再次按下按钮，蜂鸣器停止发声。

步骤3： 确保电路未发生短路的情况下，接通电源，将数字式万用表的挡位调到直流20V处，红表笔与轨道式接线端子上的输入端红色线卡口接触，黑表笔与轨道式接线端子上的输入端黑色线卡口接触，如图1-30所示。观察数字式万用表的读数，如显示是"12V"，说明电源供电正常，如果读数是"-12V"，则说明电源输入端的红、黑线接反。

图1-29　测量自锁式控制按钮

图1-30　测量电源输入端

步骤4：用同样的方法测量轨道式接线端子的电源输出端。正常情况下输出端和输入端的电压是相同的，如果测量输入端电压正常，而输出端电压为0V，则说明有导线和轨道式接线端子没有接触到位，需要用小一字螺丝刀重新按压轨道式接线端子的金属片，确保线鼻子与金属片接触良好。

步骤5：在确保前面步骤都正常的情况下，按下自锁式控制按钮，此时警示灯开始闪烁，再次按下按钮，警示灯停止闪烁。

在设备安装和布线的过程中要强调严谨细致的工作态度，要关注和把握好细节问题，给每一根导线做足防护，把每一个器件的特性都摸透，把每一个位置的关系都梳理清楚，把每一个环节都检测到位。

思想交流：严谨细致

　　严谨细致是一种工作态度，反映了一种工作作风。是对一切事物都有认真、负责的态度，一丝不苟，于细微之处见精神，于细微之处见境界，于细微之处见水平；是把做好每件事情的着力点放在每一个环节、每一个步骤上，不心浮气躁，不好高骛远；是从一件一件的具体工作做起，从最简单、最平凡、最普通的事情做起，特别注意把自己岗位上的、自己手中的事情做精做细，做得出彩，做出成绩。

　　2000年10月10日，美国"发现者"号还有几小时就要发射升空了，可当工作人员在对它进行例行检查时，突然发现一枚别针掉进了"发现者"号的主体与燃料水槽之间。这枚小小的别针，万一在飞船升空时卡在发动机里或者坠落到发射台上，将会引起非常严重的后果。为了防止事故的发生，美国国家宇航局决定推迟"发现者"号的发射日期。这个故事说明了严谨细致的工作态度的重要性。细粒之沙不能小觑，积载过多亦足以沉船。

1.1.4　知识提炼

1.1.4.1　安全用电

安全用电是研究如何预防用电事故及保障人身和设备安全的一门学问。安全用电包括供电系统的安全、用电设备的安全及人身安全三个方面，它们之间又是紧密联系的。

人体是可以导电的，人体导电情况与季节、环境以及人自身的情绪、部位等因素有关。同时，人体的导电情况还会随着加在人体上的电压增大而减小。

人的身体能导电，大地也能导电，如果人的身体碰到带电的物体，电流就会通过人体传入大地，因而引起触电。但是，如果人的身体与大地之间有了绝缘，电流就不能构成回路，人就不会触电了。

想 一 想

人为什么会触电？触电的原理是什么？

1. 触电类型

触电可分为直接接触触电和间接接触触电。

直接接触触电又分为低压触电（单线触电、双线触电）和高压触电（高压电弧触电、跨步电压触电）。

2. 影响触电危害程度的因素

触电时电流对人体的伤害程度跟电流的大小、电流持续时间的长短、电压大小、电流频率高低、通过人体的路径、人体自身状况等因素有关。

1）电流大小的影响

电流的大小直接影响人体触电所受伤害的程度。不同的电流会引起人体不同的反应。根据人体对电流的反应，习惯上将触电电流分为感觉电流、摆脱电流、致命电流。

感觉电流是指人体能够感觉到的最小电流。实验表明，成年男性的平均感觉电流约为1.1mA，成年女性约为0.7mA。

摆脱电流是指大于感觉电流，但人可以摆脱掉的最大电流。实验表明，成年男性的平均摆脱电流约为16mA，成年女性约为10mA。

致命电流是指大于摆脱电流，能够致人于死地的最小电流。实验表明，当通过人体的电流达到50mA以上时，心脏会停止跳动，可能导致死亡。

2）电流持续时间对人体的影响

人体触电时间越长，电流对人体产生的热伤害、化学伤害及生理伤害越严重。一般情况下，由于人体发热、出汗和电流对人体组织的电解作用，电流通过人体的时间越长，人体电阻降低得越多，这时在电源电压一定的条件下，会使电流增大，从而加快对人体组织的破坏。

3）电流流经路径的影响

电流流过人体的路径，也是影响人体触电严重程度的重要因素之一。电流通过头部可使人昏迷；通过脊髓可能导致瘫痪；通过心脏会造成心跳停止，血液循环中断；通过呼吸系统会造成窒息。因此，从左手到胸部是最危险的电流路径，从手到手和从手到脚是次危险的电流路径，从脚到脚是危险性较小的电流路径。

4）人体电阻的影响

在一定电压作用下，流过人体的电流与人体电阻成反比。因此，人体电阻是影响人体触电后果的另一因素。人体电阻由表面电阻和体积电阻构成。表面电阻即人体皮肤电阻，对人体电阻起主要作用。有关研究结果表明，人体电阻一般在1000～3000Ω。

人体皮肤电阻与皮肤状态有关，随条件不同在很大范围内浮动变化。例如，皮肤在干燥、洁净、无破损的情况下，电阻可高达几万欧，而潮湿的皮肤，其电阻可能在1000Ω以下。同时，人体电阻还与皮肤的粗糙程度有关。

5）电流频率的影响

研究表明，人体触电的危害程度与触电电流频率有关。一般来说，频率在25～300Hz的电流对人体的伤害程度最为严重，低于或高于此频率段的电流对人体的伤害程度明显减轻。如在高频情况下，人体能够承受更大的电流。目前，医疗上采用20kHz以上的高频电流对病人进行治疗。

6）人体状况的影响

电流对人体的伤害作用与性别、年龄、身体及精神状态有很大的关系。一般地，女性比男性对电流更敏感，小孩比大人对电流更敏感。

想一想

人触电会直接死亡吗？发生触电需要具备哪些环境或条件？

影响流过人体的电流大小的决定因素是什么？

人体能够承受的安全电流是多少？

3. 安全电压

交流工频安全电压的上限值在任何情况下，两导体间或任一导体与地之间都不得超过50V。我国的安全电压的额定值为36V、24V、12V、6V。例如，手提照明灯、危险环境的携带式电动工具，都应采用36V安全电压；金属容器内、隧道内、矿井内等工作场合，狭窄、潮湿、行动不便及周围有大面积接地导体的环境，应采用24V或12V安全电压，以防止因触电而造成的人身伤害。

1.1.4.2 万用表及使用方法

1. 认识万用表

万用表是一种多功能、多量程的便携式电工电子仪表。一般的万用表可以测量直流电流、直流电压、交流电压和电阻等，有些万用表还可测量电容、电感、功率、晶体管共射极直流放大系数（hFE）等。常见的万用表有数字式和指针式，图1-31（a）为数字式，图1-31（b）为指针式。

（a）　　　　（b）

图1-31　数字式和指针式万用表

1）指针式万用表

指针式万用表的结构主要由表头、转换开关（又称选择开关）、测量线路等三部分组成。表头是测量的显示装置，如图1-32所示，指针式万用表的表头实际上是一个灵敏电流计；转换开关是选择被测电量的种类和量程或倍率的开关；测量线路是将不同性质和大小的被测电量转换为表头所能接受的直流电流。

图1-32　指针式万用表表头

测量时，指针式万用表应水平放置，调节"机械调零"螺丝，使指针指示在零位；红表笔插入"+"插孔，黑表笔插入"-"插孔，具体使用方法见表1-2。

表1-2　万用表各类测量项目的测量方法

测量项目	测量方法
电阻	①正确选用挡位； ②欧姆调零：在进行电阻测量前，先将两根表笔"短接"，指针便向满刻度偏转；再调节"欧姆调零"电位器，使指针指在"0"刻度上； ③测出电阻值：将两根表笔分别接被测电阻的两端，电阻值=挡倍率×指针在刻度上的读数

续表

测量项目	测量方法
直流电流	①选择转换开关的直流电流量程挡； ②连接测量电路：万用表串联接入被测电路，红表笔接电流流入方向，黑表笔接电流流出方向； ③读数：直流电流值等于直流电流量程相应刻度线的指针示值
直流电压	①选择转换开关的直流电压挡； ②连接测量电路：红表笔接被测直流电压的正端，黑表笔接被测电压的负端； ③读数：直流电压值等于直流电压挡相应刻度线的指针示值
交流电压	①选择转换开关的交流电压挡； ②两根测试笔接在被测交流电压的两端，不需考虑极性； ③读数：交流电压值等于交流电压挡相应刻度线的指针示值
交流电流	①选择转换开关的交流电流量程挡； ②将万用表串联接入被测电路中，两表笔的连接不需考虑极性； ③读数：交流电流值等于交流电流挡相应刻度线的指针示值

2）数字式万用表

数字式万用表是一种多用途电子测量仪器，一般能够测电流、电压、电阻、二极管和三极管，有的还能测电感、电容值等。与指针式万用表相比数字式万用表读取精度更高。

数字式万用表按量程转换方式可分为手动量程数字式万用表和自动量程数字式万用表；按功能可分为普通型万用表和智能型万用表；按形状大小可分为袖珍型万用表和台式万用表。数字式万用表的类型和款式很多，但测量原理基本相同，测量方法大同小异。

数字式万用表面板一般包括显示屏、电源开关、功能开关、数据保持开关、电压电流插孔、接地插孔、功能量限开关等。通用的数字式万用表面板如图1-33所示。

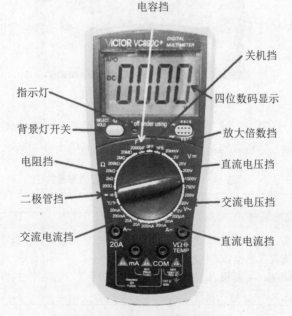

图1-33　数字式万用表面板

2. 用万用表测电压

本任务使用数字式万用表测量实训架输入电压。由于实训架的供电系统要与市电连接，因此要用数字式万用表测量交流电压，具体操作步骤如下。

步骤1：将红表笔（正极）插入"VΩ"插孔，黑表（负极）笔插入"COM"插孔。

步骤2：将万用表挡位拨至"V～"，根据常识日常使用的市电电压是交流220V，万用表应选择比220V高的量程，所以将挡位拨至交流750V。

注：不能估计所测电压值大小时，将挡位先调到最大量程，再逐步递减挡位选择合适的量程。

步骤3：将万用表红、黑表笔分别碰触开关电源输入端接线端子的"L"与"N"端。由于交流电不分正负极，所以不需要区分红、黑表笔。

注：在测量高电压时，要特别注意避免触电。

使用数字式万用表测量开关电源的输出电压，具体操作步骤如下。

步骤1：将红表笔插入"VΩ"插孔，黑表笔插入"COM"插孔。

步骤2：查看到开关电源标称输出电压为12V，故应选择直流电压挡的20V量程。

步骤3：直流电压有正负极之分，测量时应将万用表红表笔与开关电源输出接线端子的"V+"连接，黑表笔与开关电源输出接线端子的"V-"连接。

步骤4：如果红、黑表笔与开关电源输出端连接，得出的数据前面带有"-"，说明所测的电压极性与实际的红、黑表笔极性相反。

实验结果表明：量程越小，示数就越精确，直至超出量程范围。测量时请根据自己的精确度需要，选择合适的量程。

3. 万用表测导线通断

测导线的通断是数字式万用表经常用到的一种功能。有时候，一根导线内部出现断线，从外表是很难分辨出来的，而往往是这样的故障让设备调试与维修陷入僵局，需要借助数字式万用表来测量相关导线是否属于正常状态，具体操作步骤如下。

步骤1：将红表笔插入"mA"插孔，黑表笔插入"COM"插孔。

步骤2：将功能开关置于📢挡位，将红、黑表笔对碰一下，查看显示屏的数值是否会变成"1"，万用表的蜂鸣器是否会发出蜂鸣声，这样操作可以判断表笔是否接触良好，万用表挡位是否正常。

步骤3：将红表笔与被测导线一端接触，黑表笔与被测导线另外一端连接，如果万用表发出蜂鸣声，说明导线正常，反之则表明导线有故障。

4. 万用表使用注意事项

步骤1：接通电源，如果电池电压不足，"🔋"符号将显示在显示屏上，这时需更换电池；如果显示屏上没有显示"🔋"，则表明万用表可以正常工作。

步骤2：检查后盖是否盖好，没盖好前严禁使用，有电击危险。

步骤3：测试笔插孔旁边的"⚠"符号表示输入电压或电流不应超过指示值，这是为了使万用表内部线路免受损伤。以UT56数字式万用表为例，左侧"⚠"标志表明"A"插孔的输入电流不应超过20A，右侧闪电符号⚠表明"VΩ"插孔的输入电压不应超过直流1000V、交流750V，如图1-34所示。

步骤4：测试之前，功能量限开关应置于需要的量限。以VC890C+数字式万用表为例，功能量限开关的功能挡位分为直流电压挡、交流电压挡、三极管参数测试挡、交流电流挡、直流电流挡、电容值测试挡、温度测试挡、二极管及电路通断测试挡、电阻值测试挡，如图1-35所示。

图1-34　输入电流、电压注意点

图1-35　挡位分布

步骤5：在测量电压和电流时，严禁在测量的过程中，转换功能量限开关挡位。

步骤6：测量高于60V直流、30V交流的电压时，务必小心，切记手指不要超过表笔挡手部分，如图1-36所示。

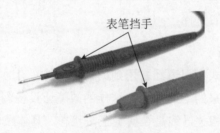

表笔挡手

图1-36　表笔挡手

步骤7：测量完毕应关断电源，长期不用应取出电池。

1.1.4.3　压接冷压接线端子

1. 常见冷压接线端子

接线端子是使用机械零件将电路连接在一起的装置，它可将两段导线连接在一起，或将电线连接到电气终端上。目前市面上有数百种接线端子，常见的冷压接线端子如图1-37所示。

利用工具使接线端子中的一片金属或者两者共同变形来达到固定导线的目的，这个变形过程称为压线。图1-38所示金属已变形，将电线线芯夹住并固定。

图1-37   常见的冷压接线端子

图1-38   压线

为了将接线端子压接到导线上，需要使用压线钳使线芯和接线端子的筒体形成冷焊接。错误使用工具会影响压线效果，会在导线芯和连接部位间留下气穴，而气穴会吸收水分，导致腐蚀、电阻增加产生热量，最终导致连接被破坏。

2. 压线钳

常见的压线钳如图1-39所示。图1-39（a）所示的压线钳有一个内置的棘轮，当按下把手时，它会使用棘轮转动以防止钳口向上打开。当施加足够的压力时，棘轮将脱开并释放压线部分，确保了足够的压力。这种类型的压线钳还具有宽的底座以覆盖连接部位更多的表面区域。图1-39（b）所示的压线钳可以达到近乎相同的效果，但它要求用户操作更加仔细。这种压线钳的结构通常不那么坚固，压接时必须注意确保钳口在接线端子上正确排列，压线时若未能对准接线端子将导致不理想的压接连接；随着时间的推移，正常使用时的磨损和撕裂也会导致钳口分离而不能完全闭合。

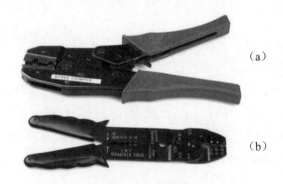

（a）

（b）

图1-39   压线钳

3. 冷压接

冷压接时，首先要为冷压接线端子选择正确尺寸的导线，剥去导线绝缘层，让裸露的导线长度等于接线端子上金属筒的长度。如果剥离的导线与插入筒体金属部分相匹配，没有什么空余空间，说明冷压接线端子尺寸合适，如图1-40（a）所示；如果导线与筒体不匹配，或过于松动，则说明选择的导线或接线端子尺寸错误。插入导线直到导线上的绝缘层接触到金属筒末端，如图1-40（b）所示。再将导线和端子放进压线钳中，端子绝缘层的颜色要与压接工具上的颜色相匹配，如端子绝缘层为红色，请使用压线钳上红点标记的点，接线端子应该水平放置，筒体朝上。然后，将压线钳钳口垂直于端子并放置在筒体上，下压压线钳。压接完成后，成品如图1-40（c）所示。试着将导线和端子拉开，成功的冷压接线端子不容易被拉开，如果轻易就能被拉开，说明压接不成功。

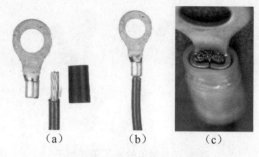

图1-40　压接冷压接线端子

单股导线与冷压接线端子压接会在电线上产生薄弱点，由于导线与端子不一致，从而导致断裂，因此压接连接松动的可能性更大。如果必须使用实芯电线，需在电线轻压接后再焊接。

4. 常见错误压线

几种常见的错误压线如图1-41所示。图1-41（a）中冷压接线端子对于导线而言规格太小，导致导线无法全部塞入冷压接线端子；图1-41（b）中冷压接线端子露出的导线过长，与导线不应超出筒体外部的要求不符，出现这种情况建议修剪导线；图1-41（c）所对应的接线端子剥离的绝缘部分过多，容易产生安全隐患。

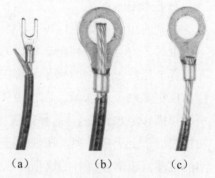

图1-41　常见的错误压线

1.1.4.4　"7S"管理

职业素养是人类在社会活动中需要遵守的行为规范。个体行为的总合构成了自身的职业素养，职业素养是内涵，个体行为是外在表象。目前很多大企业均在积极探索"7S"管理，所谓"7S"管理即整理、整顿、清扫、清洁、素养、安全和节约，如图1-42所示。因为整理、整顿、清扫、清洁及素养是日语外来词，这些词在罗马文拼写中，第一个字母都为S，所以日本人称之为"5S"。之后加入的安全和节约，在英语中这两个单词的首字母也是S，所以也就有了"7S"管理。

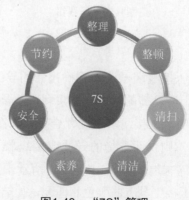

图1-42　"7S"管理

1. 整理

整理是指将要与不要的人、事、物分开，再将不需要的人、事、物加以处理，这是开始改善生产现场的第一步。其要点是对生产现场摆放和停滞的各种物品进行分类，区分什么是现场需要的，什么是现场不需要的；其次，对于现场不需要的物品，诸如用剩的材料、多余的半成品、切下的料头、切屑、垃圾、废品、多余的工具、报废的设备、工人的个人生活用品等，要坚决清理出生产现场。这项工作的重点在于坚决把现场不需要的东西清理掉。因此，对于车间里各个工位或设备的前后、通道左右、厂房上下、工具箱内外，以及车间的各个死角，都要彻底搜寻和清理，达到现场无不用之物。坚决做好这一步，是树立好作风的开始。正如日本某公司提出的口号：效率和安全始于整理。

整理活动的目的：增加作业面积、保证物流畅通、防止误用等。

2. 整顿

整顿是指把需要的人、事、物加以定量、定位。通过上一步的整理后，对生产现场需要留下的物品进行科学合理的布置和摆放，以便用最快的速度取得所需之物，在最有效的规章、制度和最简捷的流程下完成作业。

整顿活动的目的：使工作场所整洁明了，一目了然，减少取放物品的时间，提高工作效率，保持井井有条的工作秩序。

3. 清扫

清扫是指把工作场所打扫干净，设备异常时马上修理，使之恢复正常。生产现场在生产过程中会产生灰尘、油污、铁屑、垃圾等，从而使现场变脏。脏的现场会使设备精度降低，故障多发，影响产品质量，使安全事故防不胜防；脏的现场更会影响人们的工作情绪，使人不愿久留。因此，必须通过清扫活动来清除那些脏物，创建一个明快、舒畅的工作环境。

清扫活动的目的：使员工保持一个良好的工作情绪，并保证产品品质的稳定，最终达到企业生产零故障和零损耗。

4. 清洁

清洁是指整理、整顿、清扫之后要认真维护，使现场保持最佳状态。清洁，是对前三项活动的坚持与深入，从而消除发生安全事故的根源。创造一个良好的工作环境，也能使职工愉快地工作。

清洁活动的目的：使整理、整顿和清扫工作成为一种惯例和制度，是标准化的基础，也是一个企业形成企业文化的开始。

5. 素养

素养即平素的修养。努力提高人员的素养，养成严格遵守规章制度的习惯和作风，这是"7S"活动的核心。没有人员素质的提高，各项活动就不能顺利开展，即使开展了也坚持不了多久。所以，抓"7S"活动，要始终着眼于提高人的素质。通过素养的培养，引导员工自觉遵守规章制度，养成良好的工作习惯。

6. 安全

安全是指清除隐患，排除险情，预防事故的发生。保障员工的人身安全，保证生产的连续、安全、正常进行，同时减少因安全事故带来的经济损失。

7. 节约

节约是指对时间、空间、能源等方面的合理利用，以发挥它们的最大效能，从而创造一个高效率的、物尽其用的工作场所。

实施"7S"管理时应该秉持三个观念：以自己就是主人的心态对待企业的资源；能用的东西尽可能利用；切勿随意丢弃，丢弃前要思考其剩余的使用价值。

节约是对整理工作的补充和指导。在我国，由于资源相对不足，勤俭节约的精神更应该在企业中贯彻落实。

1.1.5　任务评估

完成任务后，施工人员请根据任务完成情况进行相互检查、评价并填写任务评估表（表1-3）。

表1-3　任务评估表

检查内容	检查结果	满意率		
通电后警示灯是否能亮	是□ 否□	100%□	70%□	50%□
卡槽安装是否牢固	是□ 否□	100%□	70%□	50%□
警示灯安装是否牢固	是□ 否□	100%□	70%□	50%□
是否正确选择螺丝、螺母、垫片	是□ 否□	100%□	70%□	50%□
警示灯线路连接是否牢固、美观	是□ 否□	100%□	70%□	50%□
导线两端的连接头是否有露铜现象	是□ 否□	100%□	70%□	50%□
自锁式控制按钮安装是否牢固	是□ 否□	100%□	70%□	50%□
自锁式控制按钮是否正确接线	是□ 否□	100%□	70%□	50%□
完成任务后工具是否摆放整齐	是□ 否□	100%□	70%□	50%□
完成任务后工位及周边的卫生环境是否整洁	是□ 否□	100%□	70%□	50%□

1.1.6　拓展练习

▶ 理论题：

1. 本任务所使用的警示灯供电电压是多少？（　　　）

A. AC 12V
B. DC 12V
C. AC 24V
D. DC 36V

2. 本任务所使用的剥线工具名称叫什么？（　　）

A. 剥线钳 　　　　　　　　　　　　 B. 剪线钳

C. 割线刀 　　　　　　　　　　　　 D. 尖嘴钳

3. 对于人体，安全的直流电压是（　　）。

A. AC 36V 　　　　　　　　　　　 B. DC 24V

C. DC 36V 　　　　　　　　　　　 D. AC 24V

4. 安装配线槽所使用的螺丝直径是多少？（　　）

A. φ4 　　　　　　　　　　　　　 B. φ6

C. φ8 　　　　　　　　　　　　　 D. φ12

5. "7S" 管理中 "整理" 的含义是什么？（　　）

A. 要与不要，一留一弃 　　　　　 B. 科学布局，取用快捷

C. 安全操作，以人为本 　　　　　 D. 形成制度，养成习惯操作题

▶▶ **操作题：**

1. 在学习本任务所提供的安装设计图基础上，尝试连接单个按钮控制警示灯，并将其设计图绘制出来。

2. 在本任务的基础上，再加装一个风扇，实现如下功能：当电路通电时，风扇开始工作；按下自锁式控制按钮，警示灯开始闪烁，风扇停止工作；再次按下自锁式控制按钮，警示灯停止闪烁，风扇开始工作。

1.2 任务2 温湿度传感器安装与配置

1.2.1 任务描述

因智慧温室扩容，需要加装温湿度传感器。现要求物联网智能终端实施人员小毛根据任务工单在现场完成设备的安装、配置和调试，以及对某区域温度、湿度信号的采集。

任务实施之前，需认真研读任务工单和系统设计图，充分做好实施前的准备工作。

任务实施过程中，首先使用配线槽、接线端子等部件规范工程布线；然后安装温湿度传感器和RS-485信号转接模块，实现设备与电源的线路连接，并使用万用表检测连通性；使用SSCOM串口调试助手配置温湿度传感器的地址和波特率，检测该设备针对温度、湿度信号的采集功能。在任务实施全过程中要始终保持和践行精益求精的工作态度，彰显工匠精神。

任务实施之后，进一步认识和了解Modbus协议的数据帧格式，了解传感器的定义与组成、温湿度传感器的功能与类别。

1.2.2 任务工单与任务准备

1.2.2.1 任务工单

温湿度传感器安装与配置的任务工单如表1-4所示。

表1-4 任务工单

任务名称	温湿度传感器安装与配置		
负责人姓名	毛××	联系方式	135××××××××
实施日期	20××年××月××日	预计工时	3h
设备选型情况	温湿度传感器选用的型号为ITS-IOT-SOKTHA，采用完全隔离RS-485信号输出，支持标准的Modbus RTU协议；电源选用DC 12V；RS-485 信号转接模块选用USB TO 485 CABLE信号转接模块		
工具与材料	十字螺丝刀2把，一字螺丝刀1把，数字式万用表1台，螺丝（M4×16）、螺母、垫片6套，接线端子若干片，线鼻子若干个，配线槽4m，红黑导线1.5m，四芯导线一段，剥线钳1把，斜口钳1把，压线钳1把，角度剪1把，电工胶布1卷，配置用笔记本电脑/台式计算机1台，SSCOM串口调试助手软件及相应的驱动程序各1套		
工作场地情况	室内，空间约60m²，水电通，已装修		

任务名称	温湿度传感器安装与配置			
外观、功能、性能描述	设备名称：RS-485型温湿度传感器； 设备型号：ITS-IOT-SOKTHA； 温度（T）：-40℃～80℃；相对湿度（RH）：0%～100%			
进度安排	① 8：30～9：30完成设备安装与测试； ② 9：30～10：30完成设备配置与测试； ③ 10：30～11：30运行检测，交付使用			
实施人员	以小组为单位，成员2人			
结果评估（自评）	完成□　　基本完成□　　未完成□　　未开工□			
情况说明				
客户评估	很满意□　　满意□　　不满意□　　很不满意□			
客户签字				
公司评估	优秀□　　良好□　　合格□　　不合格□			

1.2.2.2　任务准备

　　施工人员需明确任务要求，了解任务实施环境情况，完成设备选型，准备好相关工具和足量的耗材，安排好人员分工和时间进度。

　　注意：温湿度传感器的电源接口为宽电压输入，输入电压在10～30V均可。另外，传感器的RS-485通信导线接线时，需注意A、B两条信号线不能接反，与总线上多台设备间地址不能冲突。

　　认真观察温湿度传感器导线颜色（见表1-5），接线时操作务必规范安全。

表1-5　温湿度传感器导线颜色参考说明

导线颜色	功能说明	备注
棕色	电源正极	DC 10～30V
黑色	电源负极	
黄色	RS-485-A	
蓝色	RS-485-B	

　　说明：不同类型、批次传感器的导线颜色有所不同。

1.2.3　任务实施

1.2.3.1　解读任务工单

　　施工人员需使用螺丝刀、万用表、SSCOM串口调试助手软件等工具，在温室室内指定位置安装型号为ITS-IOT-SOKTHA的RS-485型温湿度传感器，实现温室室内温度和湿度信号的感知与采集。该任务计划由2名施工人员在3h内完成地址、波特率等相关参数的配置，实现与检测温度、湿度信号的采集，运行正常后交付使用。

1.2.3.2　识读系统设计图

图1-43是本任务的系统设计图，工程实施人员需根据设计图进行安装调试。

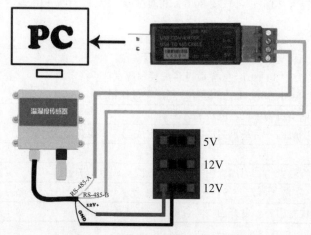

5V
12V
12V

图1-43　温湿度传感器系统设计图

温湿度传感器的导线包括2根电源线和2根RS-485信号线。需要注意的是信号线RS-485-A与USB TO 485 CABLE信号转接模块的D+/A+端子连接，RS-485-B与USB TO 485 CABLE信号转接模块的D-/B-端子连接。连接完成后将USB TO 485 CABLE信号转接模块插入计算机的USB端口即可。

1.2.3.3　安装设备

1. 安装配线槽

请参照1.1任务1的操作要求和规范，结合实训工位尺寸，制作配线槽；挑选符合规格要求的螺丝、螺母和垫片，使用螺丝刀等工具完成物联网实训架配线槽的安装。

2. 安装温湿度传感器

挑选合适的螺丝（M4×16）、螺母和垫片，两位施工人员互相配合，在物联网实训架上使用十字螺丝刀完成温湿度传感器的安装。

传感器安装后的效果如图1-44所示，此时还需认真检查设备安装的牢固性。

图1-44　温湿度传感器安装效果

3. 安装接线端子

步骤1：将若干单片接线端子依次连接成排。

步骤2：安装接线端子导轨，用于固定接线端子排。

步骤3：将接线端子排安装在导轨上，并认真检查是否安装牢固。

知识链接：接线端子安装注意事项

（1）紧固接线时用力要适中，防止用力过大使得螺丝、螺母滑扣，发现已滑扣的螺丝、螺母应及时更换，严禁将就作业。

（2）用螺丝刀紧固或松动螺丝时，必须用力使螺丝刀顶紧螺丝，然后再进行紧固或松动，防止螺丝刀与螺丝打滑，造成螺丝损伤不易拆装。

（3）发现难于拆卸的螺丝、螺母，不要鲁莽行事，防止造成变形更难拆卸，应给予适当敲打，或加螺丝松动剂、稀盐酸等，稍后再进行拆卸。

（4）不要用老虎钳紧固或松动螺丝、螺母，以防造成损坏；用活口扳手时要调整好开口，防止将螺丝、螺母损坏变形，造成不易拆装。

（5）同一接线端子允许最多接两根相同类型及规格的导线；易松动或易接触不良的接线端子，导线接头必须以"?"形紧固在接线端子上，增加接触面积及防止松动。

---

4. 连接线路

施工人员根据系统设计图进行线路连接，具体操作包括导线制作、温湿度传感器与电源的连接和RS-485信号转接模块线路连接三个环节。

1）导线制作

传感器自带导线的长度有限，需要根据传感器与电源所在位置的实际距离来延长导线。可以剪取一段长度适宜的四芯导线作为延长线。

2）温湿度传感器与电源连接

根据工艺要求，温湿度传感器的导线需通过接线端子与电源连接。

步骤1：温湿度传感器自身导线与四芯导线的一端连接，所要连接的各导线对颜色要相同或相近，如图1-45、图1-46所示。各导线对接后，使用黑色电工胶布进行密封与固定。

图1-45 传感器自带导线

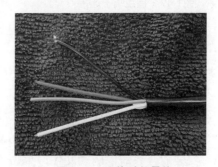
图1-46 四芯延长导线

步骤2：延长线另一端的红、黑、黄、蓝四根导线，分别装接红、黑、黄、蓝四种颜色的线鼻子，如图1-47所示，并将它们依次插入接线端子的卡口中。

步骤3：剪一段红黑导线用于连接接线端子与电源。连接接线端子的那端红色导线接入第一片接线端子下方卡口中，与上方卡口中的红色导线相对应，黑色导线接入第二片接线端子下方卡口中，与上方卡口的黑色导线相对应。

步骤4：红黑导线的另一端与电源上标识为12V的接线端子相连接，其中红色导线接电源正极，黑色导线接电源负极，如图1-48所示。

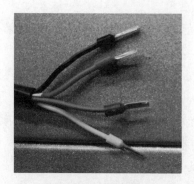

图1-47　装接线鼻子

图1-48　电源线路连接

3）USB TO 485 CABLE信号转接模块线路连接

使用一段红黑导线，其中一端的红、黑导线分别接入第3、4片接线端子下方卡口，如图1-49所示。另一端红、黑导线分别连接USB TO 485 CABLE信号转接模块上标有"D+/A+"和"D-/B-"的端子，如图1-50所示。当传感器信号线与信号转接模块正确连接后，将USB TO 485 CABLE信号转接模块USB端插进计算机的USB端口。

图1-49　接线端子连接

图1-50　USB TO 485 CABLE信号转接模块线路连接

5. 安装信号转接模块的驱动程序

USB TO 485 CABLE信号转接模块用于与传感器的串口通信，该模块需要安装驱动程序方可正常使用。

在计算机中打开"设备管理器"，可看到在未安装该设备的驱动程序前，"其他设备"选项中有一个带感叹号的"USB Serial"选项，如图1-51所示。在所使用的操作系统中，安装适合系统的驱动文件，单击"安装"按钮，完成驱动程序的安装，安装完成后出现如图1-52所示的提示信息。

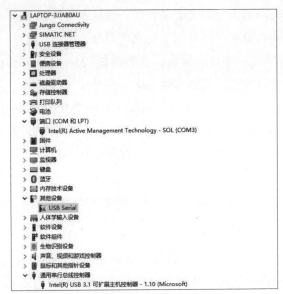

图1-51　设备管理器

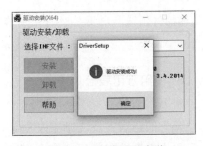

图1-52　完成驱动安装

再次打开"设备管理器",此时"端口(COM和LPT)"选项下增加了"USB-SERIAL CH340(COM4)"选项,如图1-53所示,表示信号转接模块驱动安装成功。此状态下COM4端口可正常通信。

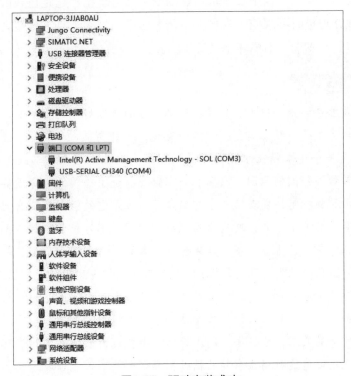

图1-53　驱动安装成功

知识链接：RS-485 协议

典型的串行通信标准有 RS-232 和 RS-485，它们定义了电压、阻抗等电气特征，但不对软件协议给予定义。RS-485 总线标准规定了总线接口的电气特性，即对于 2 个逻辑状态的定义：正电平在 +2 ~ +6V，表示一个逻辑状态；负电平在 -2 ~ -6V，表示另一个逻辑状态；数字信号采用差分传输方式，能够有效减少噪声对信号的干扰。电子工业协会于 1983 年在 RS-422 工业总线标准的基础上，制定并公布了 RS-485 总线工业标准。在工业通信网络中，RS-485 总线主要用于与外部各种工业设备进行信息传输和数据交换。它在多个领域得到了广泛的应用，比如工业控制领域、交通的自动化控制领域和现场总线通信网络等。

6. 使用万用表检测线路

将万用表挡位切换到蜂鸣挡，检测线路是否断线：若线路通断正常，蜂鸣器会发出"嘀"的声音；反之则不发声。在正式通电之前，将万用表挡位切换到直流电压挡，测量供电电源输出电压，检测电压是否正常。检测正常后才可以对传感器进行正式通电测试。

设备安装与导线连接过程各环节要保持良好的行为习惯，比如工具与耗材的摆放要整齐、工位的环境卫生要良好、工作服规范穿戴等，要充分体现工匠精神、绿色环保意识、安全用电观念。实训过程中要追求精雕细琢、精益求精、超越自我的工匠精神，比如在进行电气线路连接时要求施工人员在工艺方面做到横平竖直、导线之间不交叉、导线与元器件连接处不露铜、不损坏绝缘层等。

思想交流：精益求精

精益求精是指在学术、技术、作品、产品等方面追求好了还要更好。在工作中，精益求精、追求完美是一种品质，一种能力表现，一种要求。

德国向来是一个追求精益求精与完美的国家，这就是它在"二战"后能迅速发展成世界第三号经济强国的原因。我国有一家企业引进了德国的一套设备，德国工程师在设备安装调试验收时，发现有一个螺钉歪了，但是它的紧固度没有问题。企业工程师认为这没有什么大不了的，所有六角螺钉的紧固度不可能都一丝不差，差不多就行了。德国工程师却坚持说："不，这完全可以做到。六角螺钉歪了，是因为在拧这个螺钉的时候，没有按规范标准进行操作。"后来通过调查发现，是安装工人的问题。如果按照技术操作标准要求，上这些大螺钉需要两个人共同完成，一个人固定扳手，另一个人拧螺钉。可是安装工人的操作却是一个人上螺钉，另一个人休息。正是德国人的这种追求完美的要求，才使得德国成为世界上执行力最强、工作最有效率的国家之一。工作中要是没有这种精益求精的精神，那么也就不可能出现完美。

1.2.3.4　温湿度传感器配置

参照表1-6，在计算机上完成温湿度传感器地址和波特率参数配置，并将当前所获得的温度、湿度数值填入表中。

表1-6　温湿度传感器配置要求

项目	具体要求
地址设置	05
波特率设置	9600b/s
当前温度值	（　　）℃
当前湿度值	（　　）%RH

1. 温湿度传感器串口通信参数的设置

完成RS-485信号转接模块与计算机USB端口的连接后，运行"SSCOM串口调试助手"，根据温湿度传感器的串口通信要求，参照表1-7，完成相关参数的设置。

表1-7　温湿度传感器串口通信设置参数

项目	功能描述
端口号（Port）	温湿度传感器的驱动安装后，通过"设备管理器"查看使用的端口号
数据位（Data bits）	8位
奇偶校验位（Parity）	无
停止位（Stop bits）	1位
错误校验（Error check）	ModbusCRC16（冗余循环码）
波特率（Baud rate）	有2400b/s、4800b/s、9600b/s可设，出厂默认为4800b/s

方法一：在软件窗口下方面板左侧区域的"端口号"和"波特率"下拉列表框中，直接选择正确的串口号和波特率，如图1-54所示。

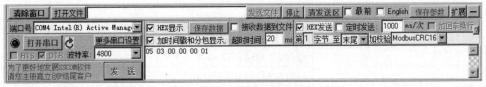

图1-54　串口工具配置面板

方法二：单击窗口下方面板左侧区域的"更多串口设置"按钮，在弹出的"Setup"对话框中对Port（串口号）、Baud rate（波特率）、Data bits（数据位）、Stop bits（停止位）、Parity（校验位）等选项进行设置，如图1-55所示。

在窗口下方面板右侧区域的"加校验"下拉列表框中选择"ModbusCRC16"。

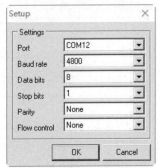

图1-55　更多串口设置界面

知识链接：串口通信与串口调试工具

串口通信是一种外设和计算机间按位进行发送和接收数据的通信方式。由于串口通信是异步的，因此端口能够在一根线上发送数据，同时在另一根线上接收数据。串口通信最重要的参数是波特率、数据位、停止位和奇偶校验，对于两个要进行通信的端口，这些参数必须匹配。采用这种通信方式使用的数据线少，在远距离通信中可以节约通信成本，但其传输速度比并行传输低。

串口调试助手是指串口调试相关工具软件，属于开源工具。目前网络上有很多种这类工具，例如"友善串口调试助手""阿猫串口调试助手""有人串口调试助手"等，支持 2400b/s、4800b/s、9600b/s、19 200b/s 等各种常用波特率及自定义波特率，可以自动识别串口，能设置校验、数据位和停止位，允许以 ASCII 码或十六进制接收或发送任何数据或字符，可以任意设定自动发送周期，能将接收的数据保存成文本文件，能发送任意大小的文本文件。

2. 温湿度传感器地址配置

使用SSCOM串口调试助手，配置温湿度传感器地址为十六进制数"05"。

1）问询温湿度传感器当前地址

步骤1： 查表1-8，可知温湿度传感器通信协议码的地址问询码为"FF 03 07 D0 00 01 91 59"，其中地址问询码的最后2字节十六进制数"91 59"为CRC校验码。

表1-8　温湿度传感器通信协议码说明

功能描述	通信协议码
地址问询码	FF 03 07 D0 00 01 91 59
地址应答码	01 03 02 00 01 79 84
地址修改码	01 06 07 D0 00 02 08 86
地址修改应答码	01 06 07 D0 00 02 08 86
波特率问询码	FF 03 07 D1 00 01 C0 99
波特率应答码*	01 03 02 00 01 79 84
波特率修改码*	01 06 07 D1 00 02 59 46
波特率修改应答码*	01 06 07 D1 00 02 59 46
温度问询码	01 03 00 01 00 01 D5 CA
温度应答码**	01 03 02 FF 9F B9 DC
湿度问询码	01 03 00 00 00 01 84 0A
湿度应答码**	01 03 02 01 E6 38 5E

*波特率对应值：00 表示 2400b/s；01表示 4800b/s；02表示9600b/s。

**第4、5字节为数据区。

步骤2： 在SSCOM串口调试助手的数据发送区中输入"FF 03 07 D0 00 01"，在"加校验"下拉列表框中选择"ModbusCRC16"，此时将自动产生"91 59"CRC校验码，如图1-56所示。

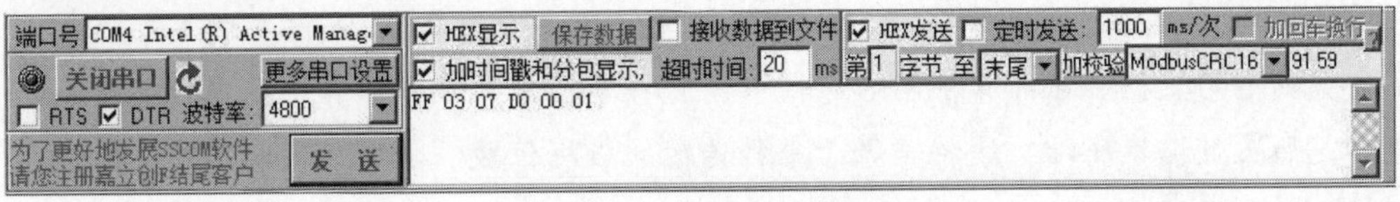
端口号 COM4 Intel(R) Active Manag
HEX显示 保存数据 接收数据到文件 HEX发送 定时发送: 1000 ms/次 加回车换行
关闭串口
更多串口设置
加时间戳和分包显示, 超时时间: 20 ms 第1 字节 至 末尾 加校验 ModbusCRC16 91 59
RTS DTR 波特率: 4800
FF 03 07 D0 00 01
为了更好地发展SSCOM软件
请您注册嘉立创F结尾客户
发 送

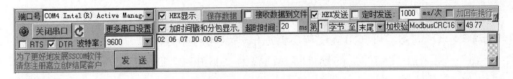

图1-56　输入地址问询码

步骤3：单击“发送”按钮，上方主窗口呈现“发→◇FF 03 07 D0 00 01 91 59 □”提示信息，表示发送成功，并能迅速收到问询应答码。若收到的问询应答信息为“收←◆02 03 02 00 02 7D 85”，则通过查看应答码第1字节十六进制数可知传感器的当前地址为“02”，如图1-57所示。

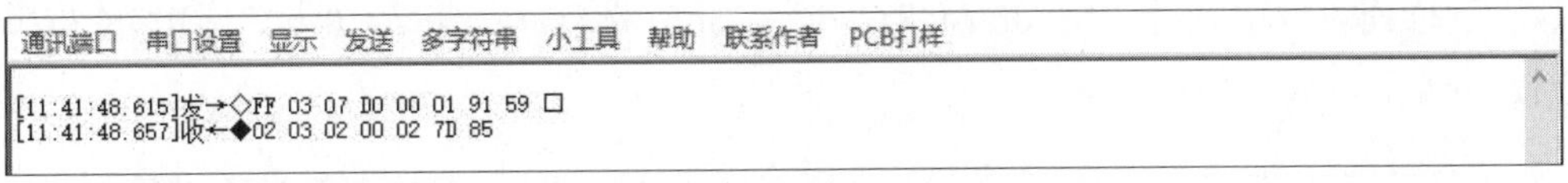
通讯端口 串口设置 显示 发送 多字符串 小工具 帮助 联系作者 PCB打样
[11:41:48.615]发→◇FF 03 07 D0 00 01 91 59 □
[11:41:48.657]收←◆02 03 02 00 02 7D 85

图1-57　返回问询应答码

2）配置温湿度传感器地址

根据温湿度传感器参数配置要求，地址应为十六进制数“05”。

步骤1：查表1-8，可知温湿度传感器通信协议码的地址修改码为“01 06 07 D0 00 02 08 86”。修改传感器地址时要将该修改码的第1字节十六进制数改为所查询到的当前地址，即“05”。

步骤2：在SSCOM串口调试助手的数据发送区中输入“02 06 07 D0 00 05”，“加校验”框中将自动产生“49 77”CRC校验码，如图1-58所示。

端口号 COM4 Intel(R) Active Manag
HEX显示 保存数据 接收数据到文件 HEX发送 定时发送: 1000 ms/次 加回车换行
关闭串口
更多串口设置
加时间戳和分包显示, 超时时间: 20 ms 第1 字节 至 末尾 加校验 ModbusCRC16 49 77
RTS DTR 波特率: 9600
02 06 07 D0 00 05
为了更好地发展SSCOM软件
请您注册嘉立创F结尾客户
发 送

图1-58　输入地址修改码

步骤3：单击“发送”按钮，上方主窗口呈现“发→◇02 06 07 D0 00 05 49 77 □”提示信息，表示发送成功，并能迅速收到相同的返回信息。

3）检验温湿度传感器地址修改效果

在SSCOM串口调试助手的数据发送区中再次输入地址问询码“FF 03 07 D0 00 01”，若收到应答码的第1字节十六进制数为“05”，则表示修改成功。

3. 配置温湿度传感器波特率

温湿度传感器采用的是默认波特率4800b/s，按要求波特率需修改为9600b/s。

> **知识链接：波特率**
>
> 波特率是传输通道频宽的指标，可以被理解为一个设备在1s内发送（或接收）了多少码元的数据。在计算机网络通信中，波特率指单片机或计算机在串口通信时的速率，如果数据不压缩，波特率等于每秒传输的数据位数。典型的波特率有300b/s、1200b/s、2400b/s、9600b/s、19 200b/s、38 400b/s、115 200b/s等。

1）查询温湿度传感器当前波特率

步骤1：查表1-8，可知温湿度传感器通信协议码的波特率问询码为"FF 03 07 D1 00 01 C0 99"，其中问询码最后2字节的十六进制数"C0 99"为CRC校验码。

步骤2：在SSCOM串口调试助手的数据发送区中输入"FF 03 07 D1 00 01"，"加校验"下拉列表框中选择"ModbusCRC16"，此时将自动产生"C0 99"CRC校验码，如图1-59所示。

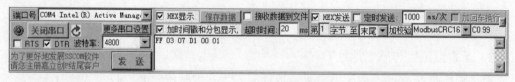

图1-59 输入波特率查询码

步骤3：单击"发送"按钮，上方主窗口呈现"发→◇FF 03 07 D1 00 01 C0 99 □"提示信息，表示发送成功，并能迅速收到应答码。若收到的波特率应答信息为"收←◆05 03 02 00 01 88 44"，那么通过查看应答码第5字节的十六进制数，可获知传感器的波特率为十六进制数"01"，代表4800b/s。

2）配置温湿度传感器波特率

根据温湿度传感器参数配置要求，波特率9600b/s所对应的十六进制数值是"02"。

步骤1：查表1-8，可知温湿度传感器通信协议码的波特率修改码为"01 06 07 D1 00 02 59 46"，根据上文修改后的地址将其调整为"05 06 07 D1 00 02"。第6字节的十六进制数"02"代表波特率9600b/s。

步骤2：在SSCOM串口调试助手的数据发送区中输入"05 06 07 D1 00 02"，"加校验"框中将自动产生"58 C2"CRC校验码，如图1-60所示。

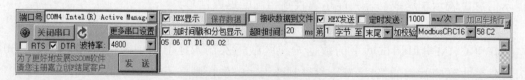

图1-60 输入波特率修改码

步骤3：单击"发送"按钮，上方主窗口呈现"发→◇05 06 07 D1 00 02 58 C2 □"提示信息，表示发送成功，并能迅速收到相同的返回信息。

3）检验温湿度传感器波特率修改效果

将SSCOM串口调试助手的波特率调整为9600b/s，关闭串口后再次打开串口，在其数据发送区中再次输入波特率问询码"FF 03 07 D1 00 01",若收到应答码第5字节的十六进制数为"02",则表示修改成功。

4. 获取温湿度传感器温湿度值

使用SSCOM串口调试助手,获取温湿度传感器在当前环境中所感知到的温湿度值。

1)问询温度值

步骤1:查表1-8,可知温湿度传感器通信协议码的温度问询码为"01 03 00 01 00 01 D5 CA",其中温度问询码最后2字节的十六进制数"D5 CA"为CRC校验码。

步骤2:根据传感器的实际地址,在SSCOM串口调试助手的数据发送区中输入"05 03 00 01 00 01","加校验"框中将自动产生"D4 4E"CRC校验码,如图1-61所示。

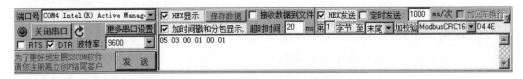

图1-61 输入温度问询码

步骤3:单击"发送"按钮,上方主窗口呈现"发→◇05 03 00 01 00 01 D4 4E □"提示信息,表示发送成功,并能迅速收到应答码。若收到的温度应答信息为"收←◆05 03 02 00 A7 08 3E",则应答码第4、5字节的十六进制数"00 A7"为温度值。

步骤4:将温度应答码中的温度值转换为十进制的温度值。

知识链接:温度值的转换

首先,判断温度是否低于0℃。将十六进制数"00 A7"转换为二进制数,结果为"0000000010100111",其中最高位为"0",由此可以判断该数为正数,即温度高于0℃。然后,将十六进制数"00 A7"转换为十进制数,计算过程为 $10 \times 16^1 + 7 \times 16^0 = 160 + 7 = 167$。最后,将该十进制数再除以10,即 $167/10 = 16.7$,得出实际温度值为16.7℃。

当温度高于或等于0℃时,温湿度传感器的温度数据以原码的形式上传;当温度低于0℃时,温度数据则以补码的形式上传。补码转换为原码的计算方法为:符号位不变,数值位按位取反,末位再加1,即补码的补码等于原码。

例如,当温度应答码中的温度值为十六进制数"FF 9F"时,它所对应的二进制数是"1111111110011111",其中最高位为"1",可判断该数为负数,即温度低于0℃。补码转换为原码的计算过程为:首先,二进制数"1111111110011111"符号位不变,数值位取反,结果为二进制数"1000000001100000";然后,将二进制数"1000000001100000"末位加1,结果为二进制数"1000000001100001",将其转换为十进制数,为-97;最后,-97/10=-9.7,即-9.7℃。

知识链接：原码、反码、补码

原码——符号位加上真值的绝对值，即用第一位表示符号，其余位表示值。原码是人脑最容易理解和计算的表示方式。

具体实例：[+1] = 0000 0001（原码）　　　[-1] = 1000 0001（原码）

反码——正数的反码是其本身；负数的反码是在其原码的基础上，符号位不变，其余各个位取反。可见，如果一个反码表示的是负数，人脑无法直观地读出它的数值，通常要将其转换成原码再计算。

具体实例：[+1] = [00000001]（原码）= [00000001]（反码）

　　　　　[-1] = [10000001]（原码）= [11111110]（反码）

补码——正数的补码就是其本身；负数的补码是在其原码的基础上，符号位不变，其余各位取反，最后 +1（即在反码的基础上 +1）。对于负数，采用补码表示人脑也是无法直观读出其数值的，通常也需要转换成原码再计算。

具体实例：[+1] = [00000001]（原码）= [00000001]（反码）= [00000001]（补码）

　　　　　[-1] = [10000001]（原码）= [11111110]（反码）= [11111111]（补码）

2）问询湿度值

步骤1： 查表1-8，可知温湿度传感器通信协议码的湿度问询码为"01 03 00 00 00 01 84 0A"，其中湿度问询码最后2字节的十六进制数"84 0A"为CRC校验码。

步骤2： 根据传感器的实际地址，在SSCOM串口调试助手的数据发送区中输入"05 03 00 00 00 01"，"加校验"框中将自动产生"85 8E"CRC校验码，如图1-62所示。

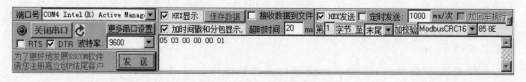

图1-62　输入湿度问询码

步骤3： 单击"发送"按钮，上方主窗口呈现"发→◇05 03 00 00 00 01 84 0A □"提示信息，表示发送成功，并能迅速收到应答码。若收到的湿度应答信息为"收←◆05 03 02 01 E6 85 8E"，则应答码中第4、5字节十六进制数"01 E6"为湿度值。

步骤4： 将湿度应答码中的湿度值转换为十进制的湿度值。湿度值的计算方法与温度值的计算方法相同，应答码数据区中的十六进制数"01 E6"所对应的十进制的湿度值为48.6%RH。

知识链接：温度与湿度

温度：度量物体或空气冷热的物理量，是国际单位制中 7 个基本物理量之一。在生产和科学研究中，许多物理现象和化学过程都是在一定的温度下进行的，人们的生活也和它密切相关。

湿度：湿度很久以前就与生活存在着密切的关系，但用数量来表示比较困难。日常生活中最常用的表示湿度的物理量是空气的相对湿度，用"%RH"表示。在物理量的导出上，相对湿度与温度有着密切的关系。

1.2.4 知识提炼

1.2.4.1 Modbus 协议

1. 什么是Modbus协议

Modbus是Modicon公司（施耐德电气公司前身）于1979年开发的串行通信协议，最初设计用于可编程序逻辑控制器（PLC）。Modbus是一种开放式协议，支持使用RS-232/RS-485/RS-422协议的串行设备，同时还支持调制解调器。Modbus比其他通信协议使用更为广泛的原因主要有：发表并且无著作权要求；易于部署和维护。

Modbus通过一根串行电缆连接主设备和从设备上的串行端口进行数据传输。数据以比特"0"和"1"的序列发送。此处的"0"和"1"分别代表低电平和高电平。Modbus串口如图1-63所示。

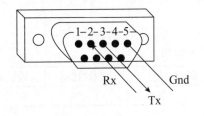
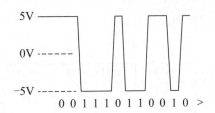

图1-63 Modbus串口

2. Modbus RTU 数据帧格式定义

Modbus通信使用 Modbus RTU 规约，格式如下。

初始结构 ≥4 字节的时间

地址码 = 1 字节

功能码 = 1 字节

数据区 = 2 字节

错误校验 =2 字节

结束结构 ≥4字节的时间

说明：

地址码——变送器的地址，在通信网络中是唯一的。

功能码——主机所发指令功能指示。

数据区——数据区是具体通信数据，共16位数据，高字节在前。

错误校验——2字节的CRC校验码。

3. Modbus RTU通信协议数据格式解析

主机问询帧结构如表1-9所示，帧结构包括地址码、功能码、寄存器起始地址、数据区、校验码低位、校验码高位六个部分，共8字节。

表1-9　主机问询帧结构

地址码	功能码	寄存器起始地址	数据区	校验码低位	校验码高位
1字节	1字节	2字节	2字节	1字节	1字节

以湿度问询码"01 03 00 00 00 01 84 0A"为例，第1字节"01"为地址码，第2字节"03"为功能码，第3、4字节"00 00"为寄存器起始地址，第5、6字节"00 01"为数据区，第7字节"84"为校验码低位，第8字节"0A"为校验码高位，如表1-10所示。

表1-10　读取设备地址为0x01的湿度值

地址码	功能码	寄存器起始地址	数据区	校验码低位	校验码高位
0x01	0x03	0x00 0x00	0x00 0x01	0x84	0x0A

从机应答帧结构如表1-11所示，帧结构包括地址码、功能码、有效字节数、第1数据区、第2数据区、第N数据区、校验码等部分。

表1-11　从机应答帧结构

地址码	功能码	有效字节数	第1数据区	第2数据区	第N数据区	校验码
1字节	1字节	1字节	2字节	2字节	2字节	2字节

以温湿度应答码"01 03 04 02 47 00 A7 A0 24"为例，第1字节"01"为地址码，第2字节"03"为功能码，第3字节"04"为有效字节数，第4、5字节"02 47"为第1数据区（湿度值），第6、7字节"00 A7"为第2数据区（温度值），第8字节"A0"为校验码低位，第9字节"24"为校验码高位，如表1-12所示。

表1-12　获取温度为16.7℃，湿度为58.5%RH

地址码	功能码	有效字节数	湿度值	温度值	校验码低位	校验码高位
0x01	0x03	0x04	0x02 0x47	0x00 0xA7	0xA0	0x24

1.2.4.2　传感器及其组成

传感器（transducer/sensor）是一种检测装置，能感受到被测量的信息，并能将感受到的信息，按一定规则变换成可测量的电信号或其他所需形式的信息输出，以满足信息的传输、处理、存储、显示、记录和控制等要求。

传感器属于物联网感知层的重要器件，是实现物联网准确、有效获取现实世界信息的基础，是信息采集的"窗口"，是物理世界和虚拟世界联系的纽带。传感器与物联网的关系，就好比眼、耳、口、鼻、舌、皮肤与人体的关系。人类要依靠身体感官去感知环境，做出适当的反应；同理，物联网也要通过传感器去感知周边物体和物理环境，从而为物联网应用层面的数据分析提供依据。可以说数量巨大、种类繁多的传感器是整个物联网系统工作的基础，正是因为有了它，物联网系统才有内容传递给"大脑"。

传感器通常由敏感元件、转换元件、信号调节电路、辅助电源等四部分组成，如图1-64所示。

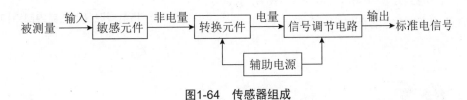

图1-64　传感器组成

敏感元件是指可以直接测量（或响应）的传感器部分，它能在特定环境中感知现实世界中的各种被测量，如温度、光强、湿度、压力、位移、声音等。转换元件是指传感器中可被敏感元件感应（或响应）并转换为电信号进行传输和检测的部分。信号调节电路将转换元件所转换的电信号进行变换与处理，输出适合本系统传输和检测的标准电信号。辅助电源提供转换能量。

以声音传感器为例，各部件之间的协同工作机制如图1-65所示。喇叭等声音设备形成的声波传播到声音敏感元件，声音敏感元件将其感受到的信号传送到转变换电路，由转换元件完成非电量到电量的转变，再由信号调节电路完成电信号的放大、过滤、整形，输出与被测量声波频率与强度相吻合的数字信号（在非数字化场合则为模拟信号）。

图1-65　声音传感器各部件协同工作

1.2.4.3　认识温度传感器

温度传感器是指能感受温度并将其转换成可用输出信号的传感器。它共有四种主要类型，分别为：热电偶温度传感器、热敏电阻温度传感器、热电阻温度传感器（RTD）和IC温度传感器。

1. 热电偶温度传感器

热电偶温度传感器是温度测量设施中常用的测温元件，它直接把温度信号转换成热电动势信号，通过电气仪表记录并显示被测介质的温度。热电偶的基本结构由热电偶工作端、绝缘套、保护套管和接线盒、法兰等主要部分组成，通常与显示仪表、记录仪表及电子调节器配套使用，如图1-66所示。但它的外形可根据实际应用需要而设计，如图1-67所示。

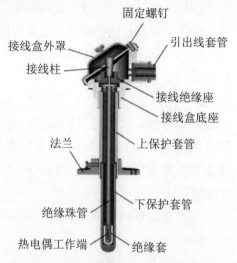

图1-66　热电偶温度传感器内部结构图

图1-67　热电偶传感器

热电偶实际上是一种能量转换器，它将热能转换为电能，用所产生的热电势测量温度。热电偶由两种不同成份的导体两端接合形成回路，其中直接用作测量介质温度的一端叫做工作端（也称为测量端），另一端叫做冷端（也称为补偿端）。冷端与显示仪表或配套仪表连接，显示仪表会指出热电偶所产生的热电势。

2. 热敏电阻温度传感器

热敏电阻温度传感器是目前发展较为成熟的温度敏感元件，它由半导体陶瓷材料制成。热敏电阻对温度敏感，不同的温度环境下会呈现不同的电阻值。依据温度与电阻值的正反比关系可分为正温度系数热敏电阻和负温度系数热敏电阻，前者在温度越高时电阻值越大；后者在温度越高时电阻值越小。热敏电阻器和热敏电阻传感器的外形如图1-68所示。

图1-68　热敏电阻和热敏电阻温度传感器

3. 热电阻温度传感器

热电阻温度传感器是一种利用导体的电阻值随温度变化而变化的原理进行测温的传感器，目前最常见的有铂热电阻和铜热电阻，如图1-69所示。

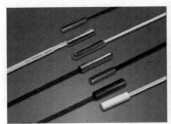

图1-69　金属热电阻温度传感器

4. IC温度传感器

IC是集成电路的英文缩写。IC温度传感器基于PLC电路的温度采样，常用于对电路板温度过高的保护。

1.2.4.4　认识湿度传感器

湿度传感器是指能感受湿度并将其转换成可用输出信号的传感器，分为水分子亲和型和非水分子亲和型。

1. 水分子亲和型传感器

水分子亲和型传感器是利用水分子有较大的偶极矩，因而易于吸附在固体表面并渗透到固体内部的特性（称为水分子亲和力）制成的湿度传感器，其测量原理是感湿材料吸湿或脱湿过程会改变其自身的性能从而测出湿度。水分子亲和型传感器响应速度慢、可靠性差，不能很好地满足工业生产和日常生活的使用要求，常见类型有：电解质湿度传感器、MOS陶瓷湿度传感器、MOS模式湿度传感器、高分子湿度传感器等。

2. 非水分子亲和型传感器

非水分子亲和型传感器利用潮湿空气和干燥空气的热传导之差来测定湿度。其测量原理有多种，如利用微波在含水蒸气的空气中传播，水蒸气吸收微波使其产生一定的能量损耗，而传输损耗的能量与环境空气中的湿度有关，由此来测定湿度；利用水蒸气能吸收特定波长的红外线来测定空气的湿度；等等。非水分子亲和型传感器响应速度快、灵敏度高，发展迅猛，应用越来越广泛，常见的类型有热敏电阻式湿度传感器、红外吸收式湿度传感器、微波式湿度传感器、超声波湿度传感器等。

> **注意事项：湿度传感器的电源选择**
>
> 　　湿敏电阻必须工作于交流回路中，若用直流供电，会引起多孔陶瓷表面结构改变，湿敏特性变劣。但是，若采用的交流电源频率过高，将由于元件的附加容抗而影响测试灵敏度和准确性，因此，应以不产生正、负离子积聚为原则，使电源频率尽可能低。对于离子导电型湿敏元件，电源频率应大于 50 Hz，一般以 1000 Hz 为宜；对于电子导电型，电源频率应低于 50 Hz。

1.2.5　任务评估

　　任务完成后，施工人员请根据任务完成情况进行相互检查、评价并填写任务评估表（表1-13）。

表1-13　任务评估

检查内容	检查结果	满意率		
配线槽是否安装牢固，且配线槽盖板是否盖好	是□ 否□	100%□	70%□	50%□
温湿度传感器安装是否牢固	是□ 否□	100%□	70%□	50%□
是否正确选择螺丝、螺母、垫片	是□ 否□	100%□	70%□	50%□
传感器接线是否美观	是□ 否□	100%□	70%□	50%□
导线延长线是否存在露铜现象	是□ 否□	100%□	70%□	50%□
温湿度传感器电源供电是否正确，RS-485通信导线连接是否正确	是□ 否□	100%□	70%□	50%□
计算机与温湿度传感器是否能正常通信	是□ 否□	100%□	70%□	50%□
温湿度传感器地址和波特率设置是否正确	是□ 否□	100%□	70%□	50%□
温湿度传感器是否能正常检测温湿度	是□ 否□	100%□	70%□	50%□
完成任务后使用的工具是否摆放、收纳整齐	是□ 否□	100%□	70%□	50%□
完成任务后工位及周边的卫生环境是否整洁	是□ 否□	100%□	70%□	50%□

1.2.6　拓展练习

▶ **理论题：**

　　1. 温湿度传感器黄色导线的作用是（　　）。

　　A. 电源正极　　　　　　　　　　　　　B. 电源负极

　　C. RS-485+　　　　　　　　　　　　　D. RS-485-

2. Modbus协议最早是由（　　　）公司提出的。

A. 施耐德　　　　　　　　　　　　　B. 飞利浦

C. 周立功　　　　　　　　　　　　　D. 西门子

3. 温湿度传感器的供电电源是（　　　）。

A. DC 10～30V　　　　　　　　　　B. AC 10～30V

C. DC 12V　　　　　　　　　　　　D. AC 24V

4. 传感器是由（　　　）组成的。

A. 敏感元件　　　　　　　　　　　　B. 信号调节电路

C. 转换元件　　　　　　　　　　　　D. 辅助电源

5. 项目中使用的温湿度传感器支持的通信协议是（　　　）。

A. Modbus RTU协议　　　　　　　　B. RS-485协议

C. CC-Link协议　　　　　　　　　　D. TCP/IP协议

▶ 操作题：

1. 将所安装的温湿度传感器的地址修改为十六进制数"08"。

2. 查询当前传感器所检测到的温湿度值，并记录下来；再用手握住温湿度传感器10s后立即查询传感器所检测到的温湿度值，并记录下来；对比两次记录值的变化。

1.3 任务3 百叶箱型温湿度传感器安装与配置

1.3.1 任务描述

为了能获取智慧温室周边的温湿度数据，现要求物联网智能终端实施人员小毛根据任务工单要求在现场完成适用于室外环境的百叶箱型温湿度传感器的安装、配置和调试，以及对某区域温度、湿度信号的采集。

任务实施之前，需认真研读任务工单和系统设计图，充分做好实施前的准备工作。

任务实施过程中，首先使用配线槽、接线端子等部件规范工程布线；然后安装百叶箱型温湿度传感器和RS-485信号转接模块，实现设备与电源的线路连接，并使用万用表检测连通性；使用串口调试工具配置温湿度传感器的地址和波特率，检测该设备针对温度、湿度信号的采集功能。在任务实施全过程中要始终保持和践行精益求精的工作态度，彰显工匠精神。

任务实施之后，进一步认识和理解模拟量与数字量的概念及转换，了解CRC校验过程和传感器的不同分类。

1.3.2 任务工单与任务准备

1.3.2.1 任务工单

百叶箱型温湿度传感器安装与配置的任务工单如表1-14所示。

表1-14 任务工单

任务名称	百叶箱型温湿度传感器安装与配置		
负责人姓名	毛××	联系方式	135××××××××
实施日期	20××年××月××日	预计工时	3h
设备选型情况	百叶箱型温湿度传感器型号选用ITS-IOT-SOKMPA，采用完全隔离RS-485信号输出，支持标准的Modbus RTU协议；电源选用DC 12V；RS-485信号转接模块选用USB TO 485 CABLE信号转接模块		
工具与材料	十字螺丝刀2把，一字螺丝刀1把，数字式万用表1台，螺丝（M4×16）、螺母、垫片6套，接线端子若干片，线鼻子若干个，配线槽4m，红黑导线1.5m，四芯导线一段，剥线钳1把，斜口钳1把，压线钳1把，角度剪1把，电工胶布1卷，配置用笔记本电脑/台式计算机1台，串口调试助手工具及驱动1套		
工作场地情况	室外空旷地，无遮雨设施；水电通		

续表

任务名称	百叶箱型温湿度传感器安装与配置		
外观、功能、性能描述	传感器名称：RS-485百叶箱型温湿度传感器； 系统供电：DC 12～24V； 通信方式：RS-485； 工作温度：-40 ～ 70℃； 工作湿度：0～95%RH		
进度安排	① 8：30～9：30完成设备安装与测试； ② 9：30～10：30完成设备配置与测试； ③10：30～11：30运行检测与交付		
实施人员	以小组为单位，成员2人		
结果评估（自评）	完成□　　基本完成□　　未完成□　　未开工□		
情况说明			
客户评估	很满意□　　满意□　　不满意□　　很不满意□		
客户签字			
公司评估	优秀□　　良好□　　合格□　　不合格□		

1.3.2.2　任务准备

在任务准备阶段需要明确任务要求，了解任务实施环境，完成设备选型，准备好相关工具和足量的耗材，安排好人员分工和时间进度。

注意：百叶箱型温湿度传感器的电源接口为宽电压输入，输入电压在10～30V均可。另外，传感器的RS-485通信导线A、B两条信号线不能接反，总线上多台设备间地址不能冲突。

认真观察百叶箱型温湿度传感器的导线颜色情况（见表1-15），接线时操作务必规范安全。

表1-15　百叶箱型温湿度传感器导线颜色参考说明

导线颜色	功能说明	备注
棕色	电源正极	DC 10～30V
黑色	电源负极	
黄色	RS-485-A	
蓝色	RS-485-B	

说明：不同类型、批次传感器的导线颜色有所不同。

1.3.3　任务实施

1.3.3.1　解读任务工单

施工人员需使用螺丝刀、万用表、串口调试助手软件等工具，在温室室外指定位置安装型号为ITS-IOT-SOKMPA的RS-485百叶箱型温湿度传感器，实现温室室外温度和湿度信号的感知与采集。该任务计划由2名施工人员在3h内完成传感器地址、波特率等相关参数的配置，实现与检测温度、湿度信号的获取，运行正常后交付使用。

1.3.3.2 识读系统设计图

图1-70是本任务的系统设计图，工程实施人员需根据该设计图进行安装配置，图中百叶箱型温湿度传感器导线包括2根电源线和2根RS-485信号线。需要注意的是RS-485-A信号线与USB TO 485 CABLE信号转接模块的D+/A+端子连接，RS-485-B信号线与USB TO 485 CABLE信号转接模块的D-/B-端子连接。连接完成之后将USB TO 485 CABLE信号转接模块插入计算机的USB端口即可使用。

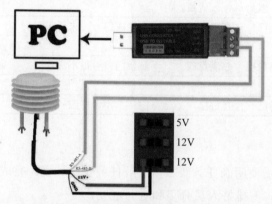

图1-70　百叶箱型温湿度传感器设计图

1.3.3.3 安装设备

1. 安装配线槽

请参照任务1.1的操作要求和规范，结合实训工位架尺寸，制作配线槽，挑选符合规格要求的螺丝、螺母和垫片，使用螺丝刀、万用表等工具完成物联网实训工位架配线槽的安装。

2. 安装百叶箱型温湿度传感器

两位工程施工人员相互配合，在物联网实训工位架上使用安装工具完成百叶箱型温湿度传感器的安装。传感器安装后的效果如图1-71所示，此时还需要认真检查设备安装的牢固性。

图1-71　百叶箱型温湿度传感器安装效果图

知识链接：百叶箱型传感器

　　百叶箱型传感器是一种固定式的多合一传感设备，它能防风防雨防辐射，通风透气，耐腐蚀，集成度高，轻便小巧，安装方便，适用于室外场景。此类设备能监测风向、风速、气温、湿度、大气压、光照度、二氧化碳浓度、PM2.5、PM10、噪声等环境要素，可以广泛应用于城市环境测量、农业监控、工业治理等多种环境，方便采集到更多种有效的监测数据。

3. 安装接线端子

　　此次任务中采用的是U型导轨式组合型接线端子，它是由多个单片接线端子组合而成的，它的外观结构详见1.1任务1，操作步骤如下。

　　步骤1：将若干单片接线端子依次连接成排。

　　步骤2：安装接线端子导轨，用于固定接线端子排。

　　步骤3：将接线端子排安装在导轨上，并认真检查是否安装牢固。

知识链接：接线端子选型原则

　　在日常的电气设备或者电路设计中，面板的二维元件布局设计对工程师的工作有着非常重要的指导意义，而其中接线端子的选择不可或缺，它的选取原则为：

　　（1）根据系统布局大小计算出所需端子的数量，这点决定了使用单层接线端子还是双层接线端子。二者的主要区别在于，双层接线端子相较于单层端子更加节省空间。

　　（2）根据系统的设备功率或者线径来计算流过的电流大小，电流大小决定了端子的规格，常用的规格有1.5A、2.5A、4A等。切记电流越大，端子的体积越大。

　　（3）端子的颜色有着特殊的代表意义，黄绿相间的端子通常是接地线，普通的端子颜色根据厂家的不同有黑色和灰色，正确的颜色使用可以给现场维修人员带来安全上的保障。

4. 连接线路

　　根据系统设计图进行百叶箱型温湿度传感器线路连接，具体操作包括导线制作、百叶箱型温湿度传感器与电源连接和RS-485信号转接模块线路连接三个环节。

　　1）导线制作

　　传感器自带导线的长度有限，需要根据传感器与电源所在位置的实际距离来延长导线。可以剪取一段长度适宜的四芯导线作为延长线。

　　2）百叶箱型温湿度传感器与电源连接

　　根据工艺要求，百叶箱型温湿度传感器需要通过接线端子进行连接，包括电源线与信号线。

步骤1： 将百叶箱型温湿度传感器自身导线与四芯导线的一端连接，使用黑色绝缘胶布进行密封与固定。

步骤2： 四芯延长导线另一端的红、黑、黄、蓝四根导线，分别装接红、黑、黄、蓝四种颜色的线鼻子，并将它们依次插入接线端子中。

知识链接：走线规则

无论是电气系统还是其他线路，接线颜色必须按照中华人民共和国国家标准 GB/T 7947—2010《人机界面标志标识的基本和安全规则　导体颜色或字母数字标识》严格执行，且按照正确的电气原理图进行导线的连接。具体要求为：电气连接线在连接时必须要牢固，配线应成排、成束地垂直或水平有规律地敷设，要求整齐、美观、清晰；导线走线要横平竖直、层次分明，长度要合适，端子要压紧；配线槽内走线电源线和信号线应分开，配线槽内导线均匀分布，理顺以避免交叉；号码管线号要对应，字体方向要一致；字体方向不限自上而下一种方向，按照导线走向使用缠绕管或放入行配线槽用尼龙扎带扎紧，缠绕管以每绕一周间距 7~10mm 均匀缠绕。

步骤3： 剪一段红黑导线用于连接接线端子与电源。连接接线端子那端导线的红色线接入第一片接线端子下方卡口中，与上方卡口中的红色线相对应，黑色线接入第二片接线端子下方卡口中，与上方卡口的黑色线相对应。

步骤4： 红黑导线的另一端与电源上标识为12V的接线端子相连接，其中红色线接电源正极，黑色线接电源负极。

3）USB TO 485 CABLE信号转接模块线路连接

剪一段红黑导线，其中一端的红、黑导线分别连接第3、4片接线端子下方卡口。另一端的红、黑导线分别连接USB TO 485 CABLE信号转接模块上标有"D+/A+"和"D-/B-"的接线端子。

5. 用SSCOM串口调试助手进行测试

系统线路连接完成后，将USB TO 485 CABLE信号转接模块插入计算机上的USB端口，之后运行SSCOM串口调试助手，选择正确的波特率与串口号，对硬件接线进行简易测试，具体操作如下。

步骤1： 在SSCOM串口调试助手的数据发送框中输入地址问询码，对硬件地址进行问询。

步骤2： 若能正常接收到返回的数据，则系统供电正常，且RS-458通信功能正常；反之则不正常。

若系统不正常，需对线路进行检查。将万用表挡位切换到蜂鸣挡，检测线路中是否存在断线，若线路通断正常，蜂鸣器会发出"嘀"的声音，反之则没有声音。使用相同方法对通信模块与通信线的连接正确性进行检查测试，直至排除故障。

1.3.3.4　百叶箱型温湿度传感器配置

参照表1-16，完成百叶箱型温湿度传感器地址和波特率参数配置，并将当前所获得的温度、湿度数值填入表中。

表1-16　百叶箱型温湿度传感器配置要求

项目	具体要求
地址设置	09
波特率设置	9600b/s
当前温度值	（　　）℃
当前湿度值	（　　）%RH

1．百叶箱型温湿度传感器串口通信参数的设置

完成RS-485信号转接模块与计算机USB端口的连接后，运行"SSCOM串口调试助手"，根据百叶箱型温湿度传感器的串口通信要求，参照表1-17，完成相关参数的设置。

表1-17　百叶箱型温湿度传感器串口通信设置参数

项目	功能描述
端口号（Port）	百叶箱型温湿度传感器的驱动程序安装后，通过"设备管理器"查看使用的端口号
数据位（Data bits）	8位
奇偶校验位（Parity）	无
停止位（Stop bits）	1位
错误校验（Error check）	ModbusCRC16（冗余循环码）
波特率（Baud rate）	有2400b/s、4800b/s、9600b/s可设，出厂默认为4800b/s

2．百叶箱型温湿度传感器地址配置

使用SSCOM串口调试助手，配置温湿度传感器地址为十六进制数"09"。

1）查询百叶箱型温湿度传感器当前地址

步骤1：查表1-18，可知百叶箱型温湿度传感器通信协议码的地址问询码为"FF 03 07 D0 00 01 91 59"，其中地址问询码最后2字节十六进制数"91 59"为CRC校验码。

表1-18　百叶箱型温湿度传感器通信协议码说明

功能描述	通信协议码
地址问询码	FF 03 07 D0 00 01 91 59
地址应答码	01 03 02 00 01 79 84
地址修改码	01 06 07 D0 00 02 08 86
地址修改应答码	01 06 07 D0 00 02 08 86
波特率问询码	FF 03 07 D1 00 01 C0 99
波特率应答码*	01 03 02 00 01 79 84
波特率修改码*	01 06 07 D1 00 02 59 46

续表

功能描述	通信协议码
波特率修改应答码*	01 06 07 D1 00 02 59 46
温度问询码	01 03 01 F5 00 01 95 C4
温度应答码**	01 03 02 FF 9F B9 DC
湿度问询码	01 03 01 F4 00 01 C4 04
湿度应答码**	01 03 02 01 E6 38 5E

*波特率对应值：00 表示 2400b/s；01 表示 4800b/s；02 表示 9600b/s。

**第 4、5 字节为数据区。

步骤2：在 SSCOM 串口调试助手的数据发送区中输入"FF 03 07 D0 00 01"，在"加校验"下拉列表框中选择"ModbusCRC16"，此时将自动产生"91 59"CRC 码，如图 1-72 所示。

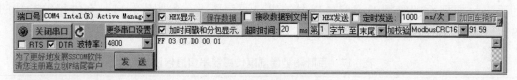

图 1-72　输入地址问询码

步骤3：单击"发送"按钮，上方主窗口呈现"发→◇FF 03 07 D0 00 01 91 59 □"提示信息，表示发送成功，并能迅速收到应答码。若收到的应答信息为"收←◆01 03 02 00 01 79 84"，则通过查看第 1 字节十六进制数可知传感器的当前地址为"01"，如图 1-73 所示。

图 1-73　返回应答码

2）配置百叶箱型温湿度传感器地址

根据百叶箱型温湿度传感器参数配置要求，地址应为十六进制数"09"。

步骤1：查表 1-18，可知百叶箱型温湿度传感器通信协议码的地址修改码为"01 06 07 D0 00 02 08 86"。修改传感器地址时要将该修改码的第 1 字节十六进制数改为所查询到的当前地址，即"09"。

步骤2：在 SSCOM 串口调试助手的数据发送区中输入"01 06 07 D0 00 09"，"加校验"框中将自动产生"49 41"CRC 校验码，如图 1-74 所示。

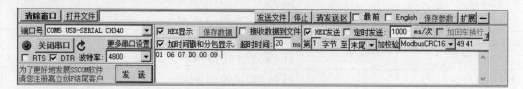

图 1-74　输入地址修改码

步骤3：单击"发送"按钮，上方主窗口呈现"发→◇01 06 07 D0 00 09 49 41 □"
提示信息，表示发送成功，并能迅速收到相同的返回信息。

3. 验证百叶箱型温湿度传感器地址修改效果

在SSCOM串口调试助手的数据发送区中再次输入地址问询码"FF 03 07 D0 00 01"，
若收到应答码的第1字节十六进制数为"09"，则表示修改成功，如图1-75所示。

通讯端口 串口设置 显示 发送 多字符串 小工具 帮助 联系作者 PCB打样

[14:32:32.640]发→◇FF 03 07 D0 00 01 91 59 □
[14:32:32.684]收←◆09 03 02 00 09 99 83

图1-75 返回地址应答码

4. 配置百叶箱型温湿度传感器波特率

百叶箱型温湿度传感器默认的波特率为4800b/s，现要求将波特率修改为9600b/s。

1）查询百叶箱型温湿度传感器当前波特率

步骤1：查表1-18，可知百叶箱型温湿度传感器通信协议码的波特率问询码为"FF
03 07 D1 00 01 C0 99"，其中地址问询码最后2字节的十六进制数"C0 99"为CRC校
验码。

步骤2：在SSCOM串口调试助手的数据发送区中输入"FF 03 07 D1 00 01"，在
"加校验"下拉列表框中选择"ModbusCRC16"，此时将自动产生"C0 99"CRC码，
如图1-76所示。

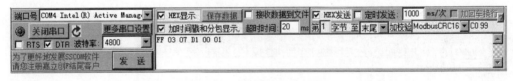

图1-76 输入波特率查询码

步骤3：单击"发送"按钮，上方主窗口呈现"发→◇FF 03 07 D1 00 01 91 59 □"
提示信息，表示发送成功，并能迅速收到应答码。若收到的应答信息为"收←◆09 03
02 00 01 98 45"，那么通过查看应答码第5字节的十六进制数，可获知传感器的波特率
为十六进制数"01"，即代表4800b/s。

2）配置百叶箱型温湿度传感器波特率

根据百叶箱型温湿度传感器参数配置要求，波特率9600b/s所对应的十六进制数码值
是"02"。

步骤1：查表1-18，可知百叶箱型温湿度传感器通信协议码的波特率修改码为"01
06 07 D1 00 02 59 46"，根据修改后的地址将其调整为"09 06 07 D1 00 02"。第6字节
的十六进制数"02"代表波特率9600b/s。

步骤2：在SSCOM串口调试助手的数据发送区中输入"09 06 07 D1 00 02"，"加
校验"框中将自动产生"58 C2"CRC校验码，如图1-77所示。

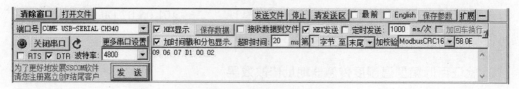

图1-77 输入波特率修改码

步骤3：单击"发送"按钮，上方主窗口呈现"发→◇09 06 07 D1 00 02 58 C2 □"提示信息，表示发送成功，并能迅速收到相同的返回信息。

3）检验百叶箱型温湿度传感器波特率修改效果

将SSCOM串口调试助手的波特率调整为9600b/s，关闭串口后再次打开串口，在其数据发送区中再次输入地址问询码"FF 03 07 D1 00 01"，若收到应答码第5字节的十六进制数为"02"，则表示修改成功。

5. 获取百叶箱型温湿度传感器的温湿度值

使用SSCOM串口调试助手，获取百叶箱型温湿度传感器在当前环境中所感知到的温湿度值。

1）问询温度值

步骤1：查表1-18，可知百叶箱型温湿度传感器通信协议码的温度问询码为"01 03 01 F5 00 01 95 C4"，其中温度问询码最后2字节的十六进制数"95 C4"为CRC码。

步骤2：根据传感器的实际地址，在SSCOM串口调试助手的数据发送区中输入"09 03 00 01 00 01"，"加校验"框中将自动产生"D4 82"CRC码，如图1-78所示。

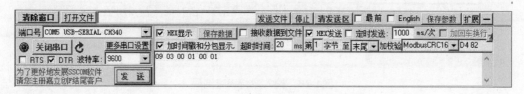

图1-78 输入温度问询码

步骤3：单击"发送"按钮，上方主窗口呈现"发→◇09 03 00 01 00 01 D4 82 □"提示信息，表示发送成功，并能迅速收到应答码。若收到的应答信息为"收←◆09 03 02 00 C3 19 D4"，则应答码第4、5字节的十六进制数"00 C3"为温度值。

步骤4：将温度应答码中的温度值转换为实际温度值。

> **知识链接：转换湿度值为十进制数**
>
> 首先，判断温度是否低于0℃。将十六进制数"00 C3"转换为二进制数，结果为"0000000011000011"，其中最高位为"0"，由此可以判断该数为正数，即温度高于0℃。然后，将十六进制数"00 C3"转换为十进制数，结果为195。最后，将该十进制数再除以10，可得出实际的温度值为19.5℃。

当温度高于或等于 0℃时，温度数据以原码的形式上传；当温度低于 0℃ 时，温度数据则以补码的形式上传。补码转换为原码的计算方法为：符号位不变，数值位按位取反，末位再加 1，即补码的补码等于原码。

2）问询湿度值

步骤1：查表1-18，可知百叶箱型温湿度传感器通信协议码的湿度问询码为"01 03 01 F4 00 01 C4 04"，其中湿度问询码最后2字节的十六进制数"C4 04"为CRC校验码。

步骤2：根据传感器的实际地址，在SSCOM串口调试助手的数据发送区中输入"09 03 01 F4 00 01"，"加校验"框中将自动产生"C5 4C"CRC码，如图1-79所示。

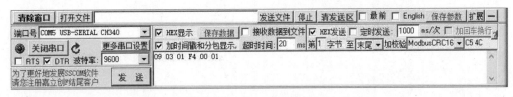

图1-79　输入湿度问询码

步骤3：单击"发送"按钮，上方主窗口呈现"发→◇09 03 01 F4 00 01 C5 4C □"提示信息，表示发送成功，并能迅速收到应答码。若收到的应答信息为"收←◆09 03 02 03 07 18 B7"，则应答码第4、5字节数据区中的十六进制数"03 07"为湿度值。

步骤4：将湿度应答码中的湿度值转换为实际湿度值。湿度值的计算方法与温度值的计算方法相同，应答码数据区中的十六进制数"03 07"所对应的实际湿度值为77.5%RH。

作为一名工程实施人员，在设备安装、连线、检测、维修等环节都要追求完美，以追求卓越品质为目标来打造精品工程。

思想交流：追求卓越

卓越就是超凡脱俗、非常优异。追求卓越就是追求行业顶尖水平。卓越不是一个标准，而是一种境界；它不是优秀，它是优秀中的最优。卓越是一种追求，它在于将自身的优势、能力，以及所能使用的资源发挥到极致。

袁隆平对中国农业的发展追求，使他成为"中国杂交水稻之父"；居里夫人对科学未知领域的追求，使她两次荣获诺贝尔奖；爱因斯坦对知识海洋的追求，使他被誉为"世界上最有成就的人"。

1.3.4 知识提炼

1.3.4.1 模拟量与数字量

在实际应用中，以传感器输出的信号为标准可将其分为模拟量传感器和数字量传感器。

1. 什么是模拟量与数字量

所谓模拟量就是在数值和时间上都连续变化的量，在一定范围内可以取任意值，比如我们生活中常见的电流、电压、转速等物理量，如图1-80（a）所示。所谓数字量就是在时间和数值上离散变化的量，它们的变化在时间上是不连续的，总是发生在一系列离散的瞬间，比如灯的开和关，如图1-80（b）所示。

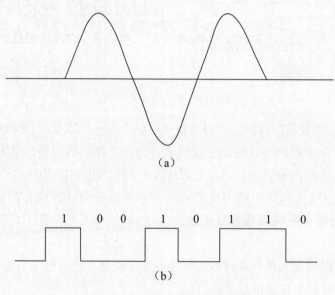

图1-80 模拟量与数字量波形图

2. 模数转换与数模转换

随着信息技术的飞速发展与普及，在现代控制、通信及检测等领域，为了提高系统的性能，对信号的处理广泛采用了数字计算机技术。由于系统采集到的往往是一些模拟量，如温度、压力、位移、湿度等，要使计算机等数字设备能识别、处理这些模拟量，必须首先将这些模拟量转换成数字信号；而经计算机等数字设备分析、处理后输出的数字量，也往往需要将其转换为相应的模拟信号才能为执行机构所接受。这样就需要一种能在模拟信号与数字信号之间架起桥梁的模数和数模转换器来实现。将模拟信号转换成数字信号的电路，称为模数转换器（A/D转换器）；将数字信号转换为模拟信号的电路称为数模转换器（D/A转换器）。

模数转换（A/D转换）要经过采样、保持、量化和编码四个步骤。所谓采样，就是将一个时间上连续变化的模拟量转化为时间上离散变化的模拟量。将采样结果存储起来，直到下次采样，这个过程称为保持。采样器和保持电路一起总称为采样保持电路。将采样电平归化为与之接近的离散数字电平，这个过程称为量化。编码就是将离散幅值经过量化以后变为二进制数字的过程。

数模转换（D/A转换）是将数字信号转换为模拟信号的系统，一般用低通滤波即可实现。数字信号先进行解码，即把数字码转换成与之对应的电平，形成阶梯状信号，然后进行低通滤波。

1.3.4.2　CRC 校验

CRC（循环冗余校验）是一种编码技术，主要作用是确保传输数据准确无误。CRC编码基于多项式除法，将要传输的信息除以一个预先确定的多项式，得到的余式就是所需要的CRC校验码。假设需要发送的信息为10000000，CRC生成多项式为$g(x) = x^8+x^2+x+1$（二进制序列为100000111），依据CRC生成多项式可知CRC校验码的位宽为8即9-1。下面举例说明CRC校验的计算过程。

初始化CRC校验码的值为0，并将其添加到信息后，使信息序列转换为1000_0000_0000_0000。依据"模2运算法"计算CRC校验码，计算步骤如下所示。每次计算都是消除高次项，然后移入新的数据，再进行下一次计算，直到所有的数据计算完成。

步骤1：初始化CRC寄存器的值为10000000。

步骤2：检测CRC寄存器的最高位是否为1：

crc[15]=1；

crc =（crc<<1）^ g（x）；

crc[15]=0；

crc = crc<<1。

步骤3：循环8次后，输出CRC校验码。

1.3.4.3　传感器分类

由于被测量种类繁多，其工作原理和使用条件又各不相同，因此传感器的种类和规格十分繁杂，分类方法也是多种多样。人们可以按测量对象、工作原理、输出信号的性质、与被测对象的接触性、器件构成等来分类。

1. 按测量对象分类

当传感器的输入量为温度、速度、位移、压力、湿度、光线、气体等非电量时，对应的传感器称为温度传感器、速度传感器、位移传感器等，如图1-81所示。

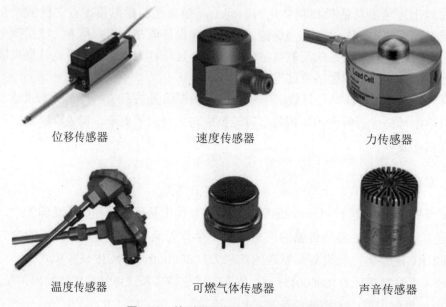

位移传感器　　　　　　速度传感器　　　　　　力传感器

温度传感器　　　　　可燃气体传感器　　　　　声音传感器

图1-81　按测量对象分类的各类传感器

目前把测量不同被测量的传感器分为物理量传感器、化学量传感器和生物量传感器三大类。

采用这种分类方法通俗易懂，直观地明确了传感器的用途，为传感器选型提供了方便。但这种分类方法往往会将原理不同的传感器归为同类，对掌握传感器的一些基本原理及分析方法是不利的。比如压电式传感器，它可以用来测量机械振动中的加速度、速度和振幅等，也可以用来测量冲击和力，虽然用途不同，但其工作原理是一样的。

这种分类方法把种类繁多的物理量分为：基本量和派生量两大类。例如位移可视为基本物理量，可派生出长度、厚度、应变、振动、磨损、不平度等派生物理量；力可视为基本物理量，可派生出压力、重量，应力、力矩等派生物理量；速度可视为基本物理量，可派生出转速、流量等派生物理量。当我们需要测量上述物理量时，只要采用位移传感器、力传感器、速度传感器就可以了。

2. 按工作原理分类

传感器按其工作时所采用的物理效应、化学效应和生物效应等机理，可分为电阻式、电容式、电感式、压电式、电磁式、磁阻式、光电式、压阻式、热电式、核辐射式、半导体式传感器等。如根据变电阻原理，相应的有电位器式、应变片式、压阻式等传感器；如根据电磁感应原理，相应的有电感式、差压变送器、电涡流式、电磁式、磁阻式等传感器；如根据半导体有关理论，则相应的有半导体力敏、热敏、光敏、气敏、磁敏等固态传感器。

这种分类方法的优点是便于专业人员从原理与设计上作归纳性的分析研究，避免了传感器的名目过于繁多。缺点是一般用户选用传感器时会有一定的专业障碍。因此，常把用途和原理结合起来命名，如电感式位移传感器，压电式力传感器等。

3. 按输出信号的性质分类

按传感器输出信号性质可分为模拟式传感器和数字式传感器。

模拟式传感器是将被测非电量转换成连续变化的电压或电流，如要求配合数字显示器或数字计算机，需要配备模/数（A/D）转换装置。数字式传感器能直接将非电量转换为数字量，可以直接用于数字显示和计算，可直接配合计算机，具有抗干扰能力强，适合长距离传输等优点。

4. 按与被测对象是否接触分类

按传感器与被测对象是否接触可分为接触式和非接触式传感器。

接触式传感器的优点是将传感器与被测对象视为一体，传感器的标定无须在使用现场进行，缺点是传感器与被测对象接触会对被测对象的状态或特性不可避免地产生或多或少的影响。非接触式传感器则没有这种影响。非接触化测量可以消除传感器介入而使被测量受到的影响，提高测量的准确性，同时，可使传感器的使用寿命增加。但是非接触式传感器的输出会受到被测对象与传感器之间介质或环境的影响，因此传感器标定必须在使用现场进行。

5. 按传感器构成分类

按传感器的构成可分为基本型、组合型、应用型传感器。

基本型传感器是一种最基本的单个变换装置。组合型传感器是由不同单个变换装置组合而构成的传感器。应用型传感器是基本型传感器或组合型传感器与其他机构组合而构成的传感器。如热电偶是基本型传感器，把它与红外线辐射转为热量的热吸收体组合成红外线辐射传感器——即一种组合传感器——应用于红外线扫描设备中，就是一种应用型传感器。

1.3.5　任务评估

任务完成后，施工人员请根据任务完成情况进行相互检查、评价并填写任务评估表（表1-19）。

表1-19　任务评估

检查内容	检查结果	满意率		
配线槽是否安装牢固，且配线槽盖板是否盖好	是□　否□	100%□	70%□	50%□
百叶箱型温湿度传感器安装是否牢固	是□　否□	100%□	70%□	50%□
是否正确选择螺丝、螺母、垫片	是□　否□	100%□	70%□	50%□
传感器接线是否美观	是□　否□	100%□	70%□	50%□
导线延长线是否存在露铜现象	是□　否□	100%□	70%□	50%□
温湿度传感器电源供电是否正确，RS-485通信导线连接是否正确	是□　否□	100%□	70%□	50%□
计算机与百叶箱型温湿度传感器是否能正常通信	是□　否□	100%□	70%□	50%□

续表

检查内容	检查结果	满意率		
百叶箱型温湿度传感器地址和波特率配置是否正确	是□　否□	100%□	70%□	50%□
百叶箱型温湿度传感器是否能正常检测温湿度	是□　否□	100%□	70%□	50%□
完成任务后使用的工具是否摆放、收纳整齐	是□　否□	100%□	70%□	50%□
完成任务后工位及周边的卫生环境是否整洁	是□　否□	100%□	70%□	50%□

1.3.6　拓展练习

▶▶ **理论题：**

1. 经过温度问询码问询后，返回的温度值数据为"08 10"，经过计算后，实际温度值为（　　）℃。

A. 12.9
B. 35.5
C. 18.5
D. 129

2. 十六进制简写表示方式为（　　）。

A. HEX
B. HEF
C. BCD
D. 1001

3. 传感器按照构造分类主要分为（　　）。

A. 基本型、组合型

B. 接触式、非接触式

C. 模拟式传感器、数字式传感器

D. 基本型传感器、组合型传感器、应用型传感器

4. A/D转换需要经过的步骤是（　　）。

A. 采样、保持、量化和编码
B. 采样、量化、编码

C. 保持、采样、量化
D. 采样、保持

5. CRC校验是一种什么技术？（　　）

A. 数字技术
B. 编码技术

C. 通信技术
D. 传感器技术

▶▶ **操作题：**

1. 将所安装的百叶箱型温湿度传感器的地址修改为十六进制数"55"。

2. 查询当前传感器所检测到的温湿度值，并记录下来；再用手握住温湿度传感器5s后立即查询传感器所检测到的温湿度值，并记录下来。

1.4 任务4 二氧化碳传感器安装与配置

1.4.1 任务描述

因智慧温室扩容，需要加装二氧化碳传感器。现要求物联网智能终端实施人员小李根据任务工单在现场完成设备的安装、配置和调试，以及对周边区域二氧化碳气体浓度信号的采集。

任务实施之前，需认真研读任务工单和系统设计图，充分做好实施前的准备工作。

任务实施过程中，首先使用配线槽、接线端子等部件规范工程布线；然后安装二氧化碳传感器设备和RS-485信号转接模块，实现设备与电源的线路连接，并使用万用表检测连通性；使用串口调试工具配置二氧化碳传感器的地址和波特率，检测该设备针对二氧化碳气体浓度信号的采集功能。在实践中以实际行动来彰显爱岗敬业的劳模精神，敢于担当、乐于奉献。

任务实施之后，进一步了解传感器的应用与发展，能够根据气体传感器的类别与性能进行选型。

1.4.2 任务工单与任务准备

1.4.2.1 任务工单

二氧化碳传感器安装与配置的任务工单如表1-20所示。

表1-20 任务工单

任务名称	二氧化碳传感器安装与配置		
负责人姓名	李××	联系方式	135×××××××××
实施日期	20××年××月××日	预计工时	3h
设备选型情况	二氧化碳传感器选用ITS-IOT-SOKCOA型号，采用完全隔离RS-485信号输出，支持标准的Modbus RTU协议；电源选用DC 12V；RS-485 信号转接模块选用USB TO 485 CABLE信号转接模块		
工具与材料	十字螺丝刀2把，一字螺丝刀1把，数字式万用表1台，螺丝（M4×16）、螺母、垫片6套，接线端子若干片，接线鼻子若干个，配线槽4m，红黑导线1.5m，四芯导线一段，剥线钳1把，斜口钳1把，压线钳1把，角度剪1把，电工胶布1卷，配置用笔记本电脑/台式计算机1台，串口调试助手工具及驱动1套		
工作场地情况	室内，空间约60m²，水电通，已装修		

续表

任务名称	二氧化碳传感器安装与配置	
外观、功能、性能描述	名称：二氧化碳传感器； 型号：ITS-IOT-SOKCOA； 量程：400～5000ppm； 精度：±40ppm（25℃）	
进度安排	① 8：30～9：30完成设备安装与测试； ② 9：30～10：30完成设备配置与测试； ③ 10：30～11：30运行检测与交付	
实施人员	以小组为单位，成员2人	
结果评估（自评）	完成□　　基本完成□　　未完成□　　未开工□	
情况说明		
客户评估	很满意□　　满意□　　不满意□　　很不满意□	
客户签字		
公司评估	优秀□　　良好□　　合格□　　不合格□	

1.4.2.2　任务准备

明确任务要求，了解任务实施环境，完成设备选型，准备好相关工具和足量的耗材，安排好人员分工和时间进度。

注意：二氧化碳传感器的电源接口为宽电压输入，输入电压在10～30V均可。另外传感器的RS-485通信导线接线时，需注意A、B两条信号线不能接反，总线上多台设备间地址不能冲突。

认真观察二氧化碳传感器线色情况（见表1-21），接线时操作务必规范安全。

表1-21　二氧化碳传感器导线颜色参考说明

导线颜色	功能说明	备注
棕色	电源正极	DC 10～30V
黑色	电源负极	
黄色	RS-485-A	
蓝色	RS-485-B	

说明：不同类型、批次传感器的线色有所不同。

1.4.3　任务实施

1.4.3.1　解读任务工单

施工人员需使用螺丝刀、万用表、SSCOM串口调试助手、笔记本电脑/台式计算机等，在温室室内指定位置安装型号为ITS-IOT-SOKCOA的RS-485型二氧化碳传感器，实现温室室内二氧化碳浓度信号的感知与采集。该任务计划由2名施工人员在3h内完成传感器的安装与地址、波特率等相关参数的配置，实现二氧化碳浓度信号的采集，运行正常后交付使用。

1.4.3.2　识读系统设计图

图1-82是本任务的系统设计图，工程实施人员需要根据设计图进行安装调试。图中二氧化碳传感器的导线包括2根电源线和2根RS-485信号线。需要注意的是，RS-485-A信号线要与USB TO 485 CABLE信号转接模块的D+/A+端子连接，RS-485-B信号线要与USB TO 485 CABLE信号转接模块的D-/B-端子连接。连接完成之后将USB TO 485 CABLE信号转接模块插入计算机USB端口即可使用。

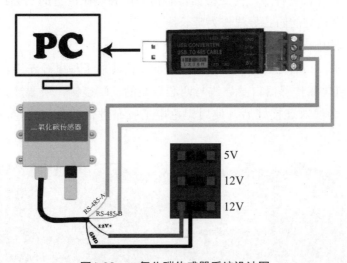

图1-82　二氧化碳传感器系统设计图

1.4.3.3　安装设备

1. 安装配线槽

请参照1.1任务1的操作要求和规范，结合实训工位尺寸，制作配线槽；挑选符合规格要求的螺丝、螺母和垫片，使用螺丝刀等工具完成物联网实训工位架配线槽的安装。

2. 安装二氧化碳传感器

两位施工人员互相配合，挑选合适的螺丝（M4×16）、螺母、垫片，在物联网实训工位架上使用十字螺丝刀完成二氧化碳传感器的安装。传感器安装后的效果如图1-83所示，此外还需认真检查设备安装的牢固性。

图1-83　二氧化碳传感器安装效果

3. 安装接线端子

按照如下步骤完成接线端子的安装。

步骤1：将若干单片接线端子依次连接成排。

步骤2：安装接线端子导轨，用于固定接线端子排。

步骤3：将接线端子排安装在导轨上，并认真检查是否安装牢固。

4. 连接线路

施工人员根据系统设计图进行线路连接，具体操作包括导线制作、二氧化碳传感器与电源连接、USB TO 485 CABLE信号转接模块线路连接三个环节。

1）导线制作

传感器自带导线长度有限，需要根据传感器与电源所在位置的实际距离延长导线。可以剪取一段长度适宜的四芯导线作为延长线。

2）二氧化碳传感器与电源连接

根据工艺要求，二氧化碳传感器的导线需通过接线端子与电源连接。

步骤1：二氧化碳传感器自身导线与四芯导线的一端连接，所要连接的各线对颜色要相同或相近。各线对连接好后，使用黑色电工胶布进行密封与固定，效果如图1-84所示。

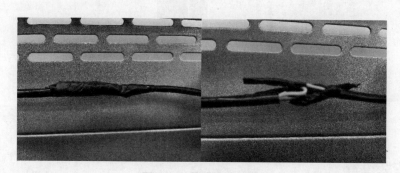

图1-84　导线连接效果

步骤2：延长导线另一端的红、黑、黄、蓝四根电线，分别装接红、黑、黄、蓝四种颜色的线鼻子，并将它们依次接入接线端子中。

步骤3：剪一段红黑导线用于连接接线端子与电源。连接接线端子的那端导线的红色线接入第一片接线端子下方卡口中，与上方卡口中的红色线相对应，黑色线接入第二片接线端子下方卡口中，与上方卡口的黑色线相对应。

步骤4：红黑导线的另一端与电源上标识为12V的接线端子相连接，其中红色线接电源正极，黑色线接电源负极。

3）USB TO 485 CABLE信号转接模块线路连接

剪一段黄蓝导线，其中一端的黄、蓝色线分别连接第3、4片接线端子下方卡口。另一端的黄、蓝色线分别连接USB TO 485 CABLE信号转接模块上标有"D+/A+"和"D-/

B-"的接线端子,如图1-85所示。当传感器信号线与信号转接模块正确连接后,将RS-485信号转接模块USB端插入计算机的USB端口。

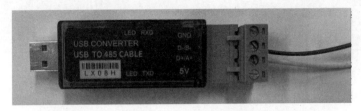

图1-85　USB TO 485 CABLE信号转接模块线路连接

检查该信号转接模块是否正确安装驱动程序,若已安装则可正常使用。

5. 使用万用表检测线路

将万用表黑表笔插进"COM"孔、红表笔插进"VΩ"孔中,挡位切换到蜂鸣挡,检测线路中是否有断线。若线路通断正常,蜂鸣器会发出"嘀"的声音;反之则不发声。在正式通电之前,将万用表挡位切换到直流电压挡,测量供电电源输出电压,检测电压是否正常。检测正常后才可以对传感器进行正式通电测试。

爱岗敬业体现在在平凡的岗位上扎扎实实地工作。首先要摆正心态,要有正确的工作态度,不要忽视设备安装、导线连接这些"小"事情,要做到细心、规范;其次要善于坚持,要"干一行、爱一行",不半途而废,从每一件小的事务性工作做起,要从"不会做"到"会做",从一个"生手"变成"能手";最后还要敢于担当,工作上不拖拉,不推诿,对自己所做的工作要负责到底。

思想交流:爱岗敬业

爱岗和敬业,互为前提,相互支持,相辅相成。"爱岗"是"敬业"的基石,"敬业"是"爱岗"的升华。爱岗敬业指的是忠于职守的事业精神,这是职业道德的基础。爱岗就是热爱自己的工作岗位,热爱本职工作;敬业就是要用一种恭敬严肃的态度对待自己的工作。爱岗敬业不仅是个人生存和发展的需要,也是社会存在和发展的需要。爱岗敬业应是一种普遍的奉献精神。

焦裕禄、孔繁森、郑培民等一大批党和人民的好干部都是在本职工作岗位上呕心沥血,勤政为民;当新冠疫情袭来,一大批平时并不引人注目的医生、护士和科研人员,挺身而出,冒着生命危险冲在抗疫第一线。

1.4.3.4　二氧化碳传感器配置

参照表1-22,完成二氧化碳传感器地址和波特率参数配置,并将当前所获得的二氧化碳浓度数值填入表中。

表1-22　二氧化碳传感器配置要求

项目	具体要求
地址设置	11
波特率设置	9600b/s
当前二氧化碳浓度值	（　　）ppm

1. 二氧化碳传感器地址配置

使用SSCOM串口调试助手，配置二氧化碳传感器地址为十六进制数"11"。

1）查询二氧化碳传感器当前地址

步骤1： 查表1-23，可知二氧化碳传感器通信协议码的地址问询码为"FF 03 07 D0 00 01 91 59"，其中地址问询码最后2字节十六进制数"91 59"为CRC码。

表1-23　二氧化碳传感器通信协议码说明

功能描述	通信协议码
地址问询码	FF 03 07 D0 00 01 91 59
地址应答码	01 03 02 00 01 79 84
地址修改码	01 06 07 D0 00 02 08 86
地址修改应答码	01 06 07 D0 00 02 08 86
波特率问询码	FF 03 07 D1 00 01 C0 99
波特率应答码*	01 03 02 00 01 79 84
波特率修改码*	01 06 07 D1 00 02 59 46
波特率修改应答码*	01 06 07 D1 00 02 59 46
二氧化碳浓度问询码	01 03 00 02 00 01 25 CA
二氧化碳浓度应答码**	01 03 02 0B B8 BF 06

*波特率对应值：00 表示 2400b/s；01表示4800b/s；02表示9600b/s。

** 第 4、5 字节为数据区。

步骤2： 在SSCOM串口调试助手的数据发送区中输入"FF 03 07 D0 00 01"，在"加校验"下拉列表框中选择"ModbusCRC16"，此时将自动产生"91 59"CRC码，如图1-86所示。

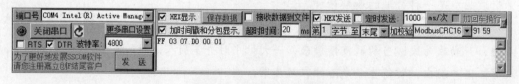

图1-86　输入地址问询码

步骤3： 单击"发送"按钮，上方主窗口呈现"发→◇FF 03 07 D0 00 01 91 59 □"提示信息，表示发送成功，并能迅速收到应答码。若收到的应答信息为"收←◆05 03 02 00 05 89 87"，则通过查看第1字节的十六进制数可知传感器的当前地址为"05"，如图1-87所示。

图1-87　返回问询应答码

2）配置二氧化碳传感器地址

根据二氧化碳传感器参数配置要求，地址应为十六进制数"11"。

步骤1：查表1-23，可知二氧化碳传感器通信协议码的地址修改码为"01 06 07 D0 00 02 08 86"。修改传感器地址时要将该修改码的第1字节十六进制数改为所查询到的当前地址，即"05"。

步骤2：在SSCOM串口调试助手的数据发送区中输入"05 06 07 D0 00 11"，"加校验"框中将自动产生"48 CF"CRC码，如图1-88所示。

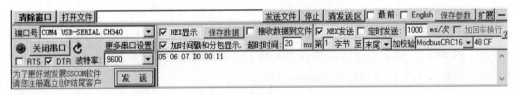

图1-88　输入地址修改码

步骤3：单击"发送"按钮，上方主窗口呈现"发→◇05 06 07 D0 00 11 48 CF"提示信息，表示发送成功，并能迅速收到相同的返回信息。

3）检验二氧化碳传感器地址修改效果

在SSCOM串口调试助手的数据发送区中再次输入地址问询码"FF 03 07 D0 00 01"，若收到应答码的第1字节十六进制数为"11"，则表示修改成功，如图1-89所示。

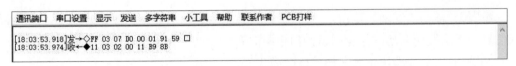

图1-89　查询到修改后的地址

2. 配置二氧化碳传感器波特率

二氧化碳传感器默认的波特率为4800b/s，现要求将波特率修改为9600b/s。

1）问询二氧化碳传感器当前波特率

步骤1：查表1-23，可知二氧化碳传感器通信协议码的波特率问询码为"FF 03 07 D1 00 01 C0 99"，其中地址问询码最后2字节的十六进制数"C0 99"为CRC码。

步骤2：在SSCOM串口调试助手的数据发送区中输入"FF 03 07 D1 00 01"，在"加校验"下拉列表框中选择"ModbusCRC16"，此时将自动产生"C0 99"CRC码，如图1-90所示。

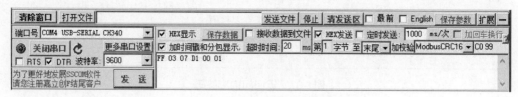

图1-90 输入波特率查询码

步骤3：单击"发送"按钮，上方主窗口呈现"发→◇FF 03 07 D1 00 01 91 59"提示信息，表示发送成功，并能迅速收到应答码。若收到的应答码为"收←◆11 03 02 00 01 B8 47"，那么通过查看第5字节的十六进制数，可获知传感器的波特率为十六进制数"01"，即代表4800b/s。

2）配置二氧化碳传感器波特率

根据二氧化碳传感器参数配置要求，波特率9600b/s所对应的十六进制数码值是"02"。

步骤1：查表1-23，可知二氧化碳传感器通信协议码的波特率修改码为"01 06 07 D1 00 02 59 46"，根据修改后的地址将其调整为"11 06 07 D1 00 02 58 C2"。第6字节的十六进制数"02"代表波特率9600b/s。

步骤2：在SSCOM串口调试助手的数据发送区中输入"11 06 07 D1 00 02"，"加校验"框中将自动产生"5B D6"CRC码，如图1-91所示。

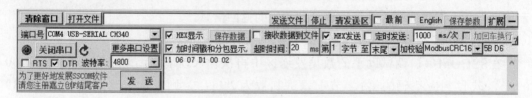

图1-91 输入波特率修改码

步骤3：单击"发送"按钮，上方主窗口呈现"发→◇11 06 07 D1 00 02 5B D6"提示信息，表示发送成功，并能迅速收到相同的返回信息。

3）检验二氧化碳传感器波特率修改效果

将二氧化碳传感器的波特率调整为9600b/s后，关闭串口后再次打开串口，在其数据发送区中再次输入波特率问询码"FF 03 07 D1 00 01"，若收到应答码第5字节的十六进制数为"02"，则表示修改成功。

3. 获取二氧化碳传感器的二氧化碳浓度值

使用SSCOM串口调试助手，获取二氧化碳传感器在当前环境中所感知到的二氧化碳浓度值。

步骤1：查表1-23，可知二氧化碳传感器通信协议码的二氧化碳浓度问询码为"01 03 00 02 00 01 25 CA"，其中二氧化碳问询码最后2字节的十六进制数"25 CA"为CRC码。

步骤2：根据传感器的实际地址，在SSCOM串口调试助手的数据发送区中输入"11 03 00 02 00 01"，"加校验"框中将自动产生"27 5A"CRC码，如图1-92所示。

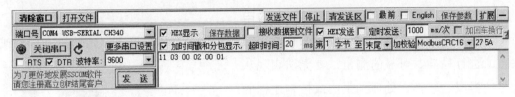

图1-92 输入二氧化碳浓度值问询码

步骤3：单击"发送"按钮，上方主窗口呈现"发→◇11 03 00 02 00 01 27 5A"提示信息，表示发送成功，并能迅速收到应答码。若收到的应答信息为"收←◆11 03 02 01 8F 39 B3"，则应答码第4、5字节的十六进制数"01 8F"为二氧化碳浓度值。

步骤4：将二氧化碳应答码中的二氧化碳浓度值转换为十进制数据。

知识链接：二氧化碳浓度值转为十进制数

根据二氧化碳浓度应答信息"收←◆ 11 03 02 01 8F 39 B3"，其中十六进制数"01 8F"为二氧化碳浓度值，将其转换为十进制数则为399，可知所采集到的二氧化碳的浓度值为399ppm。

知识链接：ppm 浓度

ppm浓度是用溶质质量占全部溶液质量的百万分比来表示的浓度，也称百万分比浓度。对于气体，ppm一般指摩尔分数或体积分数，对于溶液，ppm一般指质量浓度。百分率是百万分率的10000倍，即10%是10ppm的10000倍。1%浓度的二氧化碳约为10g/L=10000mg/L，1ppm=1mg/L，1%浓度的二氧化碳相当于10000ppm。

当空气中二氧化碳含量正常的时候，它对人体无危害，但超过了一定含量之后会影响人们的呼吸系统。当二氧化碳的浓度达到1000ppm时，人们会感到沉闷，注意力开始不集中，心悸，达到1500~2000ppm时，人们会感到气喘、头痛、眩晕，达到5000ppm以上时人体机能严重混乱，使人丧失知觉、神志不清。

1.4.4 知识提炼

1.4.4.1 传感器的应用

传感器的应用范围很广，包括航天航空、军事、交通、冶金、机械、电子、化工、轻工、能源、环保、石油化工、医疗卫生、生物工程、海洋开发等诸多领域，甚至人们日常生活的方方面面，是满足大众美好生活的重要设施和技术保障，当今世界几乎无处不使用传感器，无处不需要传感器技术。

现以工业控制、汽车、医疗、军事领域为例，了解传感器的具体应用。

1. 传感器在自动检测与控制系统中的应用

传感器是自动检测与自动控制的首要环节，如果没有传感器对原始信息（信号或参数）进行精确、可靠的测量，就无法实现从信号的提取、转换、处理到生产或控制过程的自动化。可见，传感器在自动控制系统中是必不可少的，场景如图1-93所示。例如化工产品自动生产过程，进料与成品入库环节的自动称重、分装计数涉及称重和计数传感器，测定容器压力与液位涉及压力、液位传感器，生产线上传输涉及液压、气压、速度等传感器，具体如图1-94所示。

图1-93　自动检测与自动控制系统应用场景

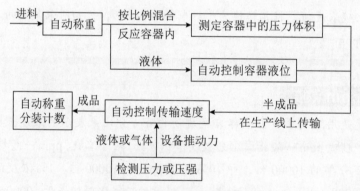

图1-94　化工产品自动生产过程

2. 传感器在汽车中的应用

随着新兴技术的发展，现代汽车正朝着高挡电子化、自动化、智能化、机电一体化方向发展。传感器作为汽车电子控制系统的关键部件，是现代汽车发展的主导与核心。当前，一般汽车装配有近百个传感器，高级豪华汽车甚至达到上千个。这些种类繁多的传感器坚守于汽车的各个关键部位，承担起汽车自身检测和诊断的重要责任，实时地将汽车的温度、压力、速度等信息传达到中央控制系统，使得驾驶过程更加安全、舒适和智能。汽车传感器主要位于发动机控制系统、底盘控制系统、车身控制系统和导航系统中，常用的有方向盘转向角传感器、油温度传感器、EGR位置传感器、整车加速度传感器、曲轴传感器等，如图1-95所示。

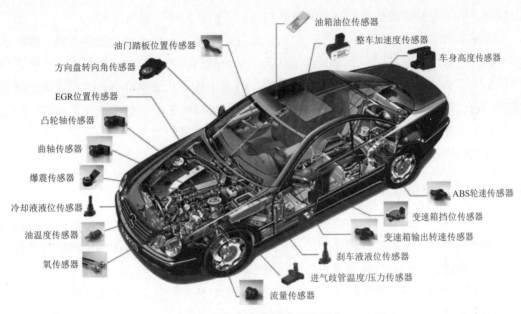

油箱油位传感器

整车加速度传感器

车身高度传感器

油门踏板位置传感器

方向盘转向角传感器

EGR位置传感器

凸轮轴传感器

曲轴传感器

爆震传感器

冷却液液位传感器

油温度传感器

氧传感器

ABS轮速传感器

变速箱挡位传感器

变速箱输出转速传感器

刹车液液位传感器

进气歧管温度/压力传感器

流量传感器

图1-95　汽车传感器应用

3. 传感器在医疗领域的应用

传感器在医学中主要用于检测生物信息、临床监护、生理过程控制三个方面，比如病人在进行手术前后需要连续检测体温、脉搏、血压、呼吸、心电等生理参数，应用场景如图1-96所示。具体的应用有：压电薄膜传感器用于测量心率和呼吸模式；热电堆传感器用于测量体温；血氧传感器用于测量血氧含量；二氧化碳传感器用于测量新陈代谢；流量传感器用于辅助呼吸；力传感器用于测量氧气瓶中剩余的氧气含量。目前，医

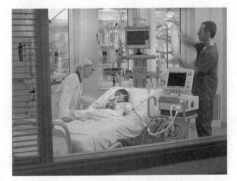

图1-96　医疗领域传感器应用

学传感器更正努力朝着智能化、微型化、多参数、可遥控和无创检测等方面发展，为促进现代医学发展提供重要推动力。

随着技术的突飞猛进，越来越多的残疾人借助科技改善了自己的生活。据《当代生物学》报道，法国科学家研制出一种头戴式设备，通过一个摄像头跟踪佩戴者的眼球运动，配合神经肌肉跟踪技术，让一个瘫痪者无论是写字还是画画，都能通过眼睛来完成。这正是医学传感器的智能化发展的一个典型案例。

4. 传感器在军事领域的应用

在军事上，传感器是武器装备发展的重要环节。美国国防部专家说过："当今世界谁掌握了传感器，谁就掌握了高科技，谁掌握了高科技，谁就控制了世界"。近十几年来，发生的历次局部战争中使用的高技术武器上都装有多种传感器，在对目标探测、精

确制导、电子对抗、通信指挥、故障诊断和自我防护中发挥了重要作用。

传感器在军事上的应用极为广泛，可以说无时不用、无处不用，大到飞机、舰船、坦克、火炮等装备系统，小到单兵作战武器；从参战的武器系统到后勤保障；从军事科学试验到军事装备工程；从战场作战到战略、战术指挥；从战争准备、战略决策到战争实施，遍及整个作战系统及战争的全过程，而且必将在未来的高技术战争中促使作战的时域、空域和频域更加扩大，更加影响和改变作战的方式和效率，大幅度提高武器的威力和作战指挥及战场管理能力。

1.4.4.2　传感器的发展

新型敏感材料的发展为传感器的发展提供了物质基础，它从最初的半导体、陶瓷、光导纤维和超导等无机材料发展到如热敏、光敏、气敏、湿敏、力敏和生物敏等材料。随着技术的进步，还会有越来越多的新型敏感材料诞生，并且人们可以任意控制不同材料的成分，从而设计制造出用于各种传感器的功能材料。用复杂材料来制造性能更加良好的传感器是今后的发展方向之一。

发展新型传感器，离不开与其联系特别密切的微细加工技术（MEMS）。该技术又称微机械加工技术，它伴随着集成电路工艺发展起来，是离子束、电子束、分子束、激光束和化学刻蚀等用于微电子加工的技术，目前已越来越多地用于传感器领域。例如利用半导体技术制造出压阻式传感器，利用薄膜工艺制造出快速响应的气敏、湿敏传感器，利用各向异性腐蚀技术进行高精度三维加工，在硅片上制作出全硅谐振式压力传感器。

目前传感器正沿着智能化、网联化、微型化、集成化方向发展。

1. 智能化

智能传感器是传感器技术与大规模集成电路技术相结合的产物，它的实现取决于传感技术与半导体集成化工艺水平的提高与发展。目前，智能传感器产品体系日渐成熟，在自主感知、自主决策等方面的能力也在不断提升。传感器的进一步智能化升级，有利于与人工智能产业生态相融合，为各大产业、各类产品的智能化提供坚实支撑。

智能化方向一：多种传感功能与数据处理、存储、双向通信等的集成。可全部或部分实现信号探测、变换处理、逻辑判断、功能计算、双向通信，以及内部自检、自校、自补偿、自诊断等功能，具有低成本、高精度的信息采集、可数据存储和通信、编程自动化和功能多样化等特点。

智能化方向二：软传感技术。它是智能传感器与人工智能的结合，目前已出现各种基于模糊推理、人工神经网络、专家系统等人工智能技术的高度智能传感器，并已经在智能家居等方面得到利用。如NEC开发出了对大量的传感器监控实施简化的新方法——"不变量分析技术"，并已于今年面向基础设施系统投入使用。

2. 网联化

传感器与数据、信息有着极为密切的联系，收集、传输数据信息是传感器的主要使命。当今社会数据的流通全面扩张，无论是数字经济的发展，还是互联网的普及，又或是信息技术的应用，都对传感器的网联化有了更加迫切的需求。特别是随着5G网络的正式商用和加快部署，传感器将能够实现更加顺畅、迅速的数据联通与传输，全面提升自身性能水平，并能助力于智能网联汽车、智能机器人等新产品、新应用的升级。

3. 微型化

传感器与科技领域的精密元件或零部件一样，都以微型化为主要发展方向。传统的传感器体型较大，难以满足社会发展带来的新的需求。通过微型化发展，有利于提升传感器产品的适应性，降低了重量和大小，提高了应用性能，延伸了应用范围。

随着集成微电子机械加工技术的日趋成熟，传感器将氧化、光刻、扩散、沉积和蚀刻等半导体加工工艺引入传感器的生产制造，实现了规模化生产，并为传感器微型化发展提供了重要的技术支撑。近年来传感器内部敏感元件、转换元件等都进入到了微米、纳米级，这使得传感器产品能够在智能硬件等诸多新科技产品中得到广泛应用。

4. 集成化

传统意义上的传感器大多只具备单一功能，但在新的科技浪潮推动下，市场对于传感器功能多元化的需求也越发强烈。所以，传感器的集成化趋势正日趋凸显，如集成多种不同功能的传感器产品在市场上受到了广泛欢迎。

这些集成化的传感器可以同时感知不同的环境信息，使得用户可以实现对各种不同数据的实时、同步掌握，而且在成本方面不会有太大压力。特别是传感器微型化的发展，为集成化奠定了重要基础。传感器集成化包括两类：一种是同类型多个传感器的集成，即同一功能的多个传感元件用集成工艺在同一平面上排列，组成线性传感器，如CCD图像传感器；另一种是多功能一体化，如将几种不同的敏感元器件制作在同一硅片上，制成集成化多功能传感器，集成度高、体积小，容易实现补偿和校正，是当前传感器集成化发展的主要方向。

1.4.4.3 气体传感器的类别与性能

气体传感器归属于化学传感器，它是一种将某种气体体积分数转化成对应电信号的转换器，主要用于针对某种特定气体的检测，测量该气体在传感器附近是否存在，或在传感器附近空气中的含量。常见的有电化学气体传感器、热导式气体传感器、半导体气体传感器、催化燃烧式气体传感器、红外线气体传感器等，如图1-97所示。

电化学气体传感器　　　热导式气体传感器　　　半导体气体传感器

催化燃烧式气体传感器　　　　　红外线气体传感器

图1-97　气体传感器类别

1. 电化学气体传感器

相当一部分可燃、有毒有害气体都有电化学活性，可以被电化学氧化还原。利用这些反应，可以分辨气体成分、检测气体浓度。以原电池型氧气传感器为例，它的原理与干电池相同，只是用气体电极替代了干电池的碳锰电极。当该传感器的氧阴极被还原，电子电流将流到阳极，阳极铅金属被氧化，电流大小与氧气浓度直接相关。

2. 热导式气体传感器

每一种气体都有自己特定的热导率，当两种或多种气体热导率差别较大时，可以利用热导元件，分辨其中一种的组分含量。这种传感器已经用于氢气检测、二氧化碳检测、高浓度甲烷检测。

3. 半导体气体传感器

该类型传感器成本低廉，能满足民用气体检测需求。它利用一些金属氧化物半导体材料在一定温度下电导率随着环境气体成分变化而变化的原理制造而成。比如酒精传感器，就是利用二氧化锡在高温下遇到酒精气体时，电阻会急剧减小的原理。半导体气体传感器可用于甲烷、乙烷、丙烷、丁烷、酒精、甲醛、一氧化碳、二氧化碳、乙烯、乙炔、氯乙烯、苯乙烯、丙烯酸等多种气体检测。

4. 催化燃烧式气体传感器

这种传感器的白金电阻表面带有耐高温催化剂层，达到一定温度后，可燃性气体表面被催化燃烧，促使白金电阻温度升高，引起电阻变化。该变化值与可燃性气体浓度之间存在函数关系。催化燃烧式气体传感器选择性检测可燃性气体：凡是可以燃烧的气体，都能够检测；凡是不能燃烧的，传感器都没有任何响应。催化燃烧式气体传感器计量准确，响应快速，寿命较长，但它在可燃性气体内部不能进行种类区分，且有引燃爆炸的危险。

5. 红外线气体传感器

大部分气体中红外区都有特征吸收峰，检测特征吸收峰位置吸收情况，就可以确定某种气体的浓度。这种传感器过去都是大型分析仪器，近些年随着以MEMS技术为基础的传感器工业的发展，这种传感器体积已经由10L、重45kg的巨无霸，减小到2ml左右。红外线气体传感器可以有效分辨气体种类，准确测定气体浓度，主要用于二氧化碳、甲烷的检测。

一般用户对气体传感器的性能有如下要求：对被测气体具有较高的灵敏度；对被测气体以外的共存气体或物质不敏感；性能稳定，重复性好；动态特性好，对检测信号响应迅速；使用寿命长；制造成本低，使用与维护方便等。

1）灵敏度

理论上看，传感器的灵敏度越高越好，只有灵敏度高时，与被测量变化对应的输出信号的值才较大，便于信号处理。但在实际情况中，传感器的灵敏度过高，与被测量无关的外界噪声就越容易被接收，同时被放大系统放大，反而会对测量精度有一定的影响。因此，噪声大的场合下，要求传感器本身应具有较高的信噪比，即良好的抗干扰能力，尽量减少从外界接收干扰信号。传感器的灵敏度还具有方向性，当被测量是单向量，而且对其方向性要求较高时，则应选择其他方向灵敏度小的传感器，减少不必要的干扰；如果被测量是多维向量，则要求传感器的交叉灵敏度越小越好，避免互相影响。

2）响应特性

传感器的频率响应特性决定了被测量的频率范围，必须在允许频率范围内保持不失真的测量条件。在实际应用中，传感器的响应总有一定延迟，但总希望延迟时间越短越好。传感器的频率响应高，可测的信号频率范围就宽，而由于受到结构特性的影响，机械系统的惯性较大，因而频率低的传感器可测信号的频率较低。在动态测量中，应根据信号的特点（稳态、瞬态、随机等）响应特性，以免产生过大的误差。

3）线性范围

传感器的线性范围是指输出与输入成正比的范围。以理论上讲，在此范围内，灵敏度保持定值。传感器的线性范围越宽，则其量程越大，并且能保证一定的测量精度。在选择传感器时，当传感器的种类确定以后首先要看其量程是否满足要求。但实际上，任何传感器都不能保证绝对的线性，其线性度是相对的。当所要求测量精度比较低时，在一定的范围内，可将非线性误差较小的传感器近似看作线性的，这会给测量带来极大的方便。

1.4.5 任务评估

任务完成后，施工人员请根据任务完成情况进行相互检查、评价并填写任务评估表（表1-24）。

表1-24 任务评估表

检查内容	检查结果		满意率		
配线槽是否安装牢固，且配线槽盖板是否盖好	是□	否□	100%□	70%□	50%□
二氧化碳传感器安装是否牢固	是□	否□	100%□	70%□	50%□
是否正确选择螺丝、螺母、垫片	是□	否□	100%□	70%□	50%□
二氧化碳传感器接线是否美观	是□	否□	100%□	70%□	50%□
导线延长线是否存在露铜现象	是□	否□	100%□	70%□	50%□
二氧化碳传感器电源供电是否正确，RS-485通信导线连接是否正确	是□	否□	100%□	70%□	50%□
计算机与二氧化碳传感器是否能正常通信	是□	否□	100%□	70%□	50%□
二氧化碳传感器地址和波特率配置是否正确	是□	否□	100%□	70%□	50%□
二氧化碳传感器是否能正常检测	是□	否□	100%□	70%□	50%□
完成任务后使用的工具是否摆放、收纳整齐	是□	否□	100%□	70%□	50%□
完成任务后工位及周边的卫生环境是否整洁	是□	否□	100%□	70%□	50%□

1.4.6 拓展练习

▶ 理论题：

1. 二氧化碳浓度值单位是（　　　）。

A. ppm

B. PM

C. %RH

D. LXU

2. 二氧化碳传感器的默认的波特率是（　　　）。

A. 2400b/s　01

B. 4800b/s　01

C. 9600b/s　11

D. 19200b/s

3. 以下传感器不是气体传感器的是（　　　）。

A. 二氧化碳传感器

B. 氧气传感器

C. 人体红外传感器

D. 燃气传感器

4. 目前传感器的发展方向是（　　　）。

A. 智能化、网联化、微型化、集成化

B. 网联化、微型化、集成化

C. 智能化、微型化、集成化

D. 智能化、网联化、微型化

5. 二氧化碳传感器浓度单位是（　　）。

A. PDM

B. PDF

C. DDM

D. ppm

▶▶ 操作题：

查询二氧化碳传感器所检测到的二氧化碳浓度值，并记录下来；再用打火机在该传感器边上点火燃烧5s后立即查询传感器所检测到的二氧化碳浓度值，并记录下来；对比两次记录值的变化。

1.5 项目总结

全部任务完成后，施工人员根据表1-25任务完成度评价表中的要求，对自己打分并将分值填入表中。

表1-25 任务完成度评价表

任务	要求	权重	分值
警示灯安装	能够使用螺丝刀、万用表等工具，完成警示灯、排风扇等执行器的安装，能使用配线槽规范布线	15	
温湿度传感器安装与配置	能够根据任务工单和系统设计图的要求，完成温湿度传感器等设备的安装；能够使用串口调试工具完成设备地址、波特率等参数配置，并能检测传感器功能	25	
百叶箱型温湿度传感器安装与配置	能够根据任务工单和系统设计图的要求，完成百叶箱型温湿度传感器等设备的安装；能够使用串口调试工具完成设备地址、波特率等参数配置，并能检测传感器功能	25	
二氧化碳传感器安装与配置	能够根据任务工单和系统设计图的要求，完成二氧化碳传感器等设备的安装；能够使用串口调试工具完成设备地址、波特率等参数的配置，并能检测传感器功能	25	
项目总结	呈现项目实施效果，作项目总结汇报	10	

总结与反思

项目学习情况：
心得与反思：

项目2
智能气象站数据
管道构建

项目概况 ▶

　　智能气象站是集气象数据采集、存储、传输为一体的小型气象站，如图2-1所示。它观测的气象参数主要包括风速、风向、温度、大气湿度、二氧化碳浓度、PM 2.5、氧气浓度、噪声等。感知层设备将监测信息实时传输到服务器，工作人员通过终端查看、分析气象信息，制定科学的农业管理措施。本项目主要任务是构建智能气象站的数据管道。

图2-1　智能气象站

　　小张是本项目实施人员，工作中他运用专业知识与技能，以应用需求为指引，在特定场景中凭借规范、严谨的专业素养，完成联动控制器、多模链路控制器和射频链路控制器的安装与配置，并根据需求制作网络跳线，进行无线路由器的配置和组网工作。

　　通过本项目的学习，读者能够根据应用需求和数据通信设备的特性完成设备安装、配置和运行维护；能够配置控制器和链路器的参数，了解它们与其他外部设备的通信方式，以及RS-485、RS-232等有线传输协议和Wi-Fi等无线传输协议。在各实践环节中不断增强节能环保意识，响应低碳发展。

2.1 任务 1 联动控制器安装与设备端配置

2.1.1 任务描述

智能气象站需要通过加装联动控制来监测多种气象要素，并根据气象条件智能控制多个执行器。现要求物联网通信实施人员小张根据任务工单要求在现场完成设备的安装、配置和调试。

任务实施之前，施工人员需认真研读任务工单和系统设计图，充分做好实施前的准备工作。

任务实施过程中，首先使用配线槽、接线端子等部件规范工程布线；然后安装百叶箱型温湿度传感器、联动控制器、RS-485信号转接模块、风扇和警示灯等设备，实现设备与电源的线路连接，并使用万用表检测连通性；最后，使用串口调试工具配置百叶箱型温湿度传感器的地址和波特率，通过联动控制器控制执行器工作。在任务实施全过程中要始终持有绿色环保意识，推行低碳发展。

任务实施之后，进一步认识和了解输入/输出模块、光耦合器和有线通信技术。

2.1.2 任务工单与任务准备

2.1.2.1 任务工单

联动控制器安装与设备端配置的任务工单如表2-1所示。

表2-1 任务工单

任务名称	联动控制器安装与设备端配置		
负责人姓名	张××	联系方式	135××××××××
实施日期	20××年××月××日	预计工时	3h
设备选型情况	联动控制器选用的型号为ITS-IOT-SW04DSA，继电器输出采用触点隔离方式，支持标准的Modbus RTU协议，通信接口支持RS-485或RS-232，电源选用DC 12V，自锁式按钮开关1个，风扇1个，警示灯1盏，RS-485信号转接模块1个		
工具与材料	十字螺丝刀2把，一字螺丝刀1把，数字式万用表1台，螺丝（M4×16）、螺母、垫片6套，配线槽4m，红黑导线1.5m，黄导线1.5m，蓝导线1.5m，四芯导线一段，剥线钳1把，斜口钳1把，压线钳1把，角度剪1把，电工胶布1卷，笔记本电脑/台式计算机1台，DAM调试软件1套		
工作场地情况	室内，空间约60m²，水电通，已装修		

任务名称	联动控制器安装与设备端配置	
外观、功能、性能描述	功能要求： 四路继电器控制； 四路开关量输入； 支持计算机软件手动控制； 支持本机非锁联动模式； 支持本机自锁联动模式； 具有闪开、闪断功能 性能要求： 触点容量为10A/30V DC和10A/250V AC； 温度范围在-40～85℃； 可以设置0～255个设备地址，5位地址拨码开关可以设置1～31的地址码，地址码大于31的可以通过软件设置	
进度安排	① 8：30～9：30完成设备安装与测试； ② 9：30～10：30完成设备配置与测试； ③ 10：30～11：30运行检测与交付	
实施人员	以小组为单位，成员2人	
结果评估（自评）	完成□　　基本完成□　　未完成□　　未开工□	
情况说明		
客户评估	很满意□　　满意□　　不满意□　　很不满意□	
客户签字		
公司评估	优秀□　　良好□　　合格□　　不合格□	

2.1.2.2　任务准备

明确任务要求，了解任务实施环境情况，完成设备选型，准备好相关工具和足量的耗材，安排好人员分工和时间进度。

注意：联动控制器电源接口的输入电压为7～30V，此处选用12V。通信波特率支持2400b/s、4800b/s、9600b/s、19 200b/s、38 400b/s五种，可以通过软件修改，默认为9600b/s。

认真观察联动传感器接口情况，端子说明见表2-2，连接设备时操作务必规范安全。

表2-2　联动控制器的端子说明

端子	说明
+	电源正极
－	电源负极
A+	RS-485-A
B-	RS-485-B
VIN	无源输入时VIN和COM短接用，具体查看输入接线图
COM+	无源输入时VIN和COM短接用，具体查看输入接线图

续表

端子	说明
IN1	第一路开关量输入
IN2	第二路开关量输入
IN3	第三路开关量输入
IN4	第四路开关量输入
IN5	无源输入时使用，具体查看输入接线图
常开	第一路继电器输出常开端
公共端	第一路继电器输出公共端
常闭	第一路继电器输出常闭端
常开	第二路继电器输出常开端
公共端	第二路继电器输出公共端
常闭	第二路继电器输出常闭端
常开	第三路继电器输出常开端
公共端	第三路继电器输出公共端
常闭	第三路继电器输出常闭端
常开	第四路继电器输出常开端
公共端	第四路继电器输出公共端
常闭	第四路继电器输出常闭端

2.1.3　任务实施

2.1.3.1　解读任务工单

本任务将安装并配置百叶箱型温湿度传感器、联动控制器、风扇等设备，通过这些设备监测环境中的气象要素，当这些要素满足指定条件时，安装的风扇、警示灯等设备会根据设定的功能做出反馈。

施工人员使用螺丝刀、万用表、SSCOM串口调试助手等工具，在指定位置安装型号为ITS-IOT-SW04DSA的联动控制器，实现气象站的智能控制。任务计划由2名施工人员在3h内完成安装，并进行设备型号、地址、波特率、工作模式等相关参数的配置，运行正常后交付使用。

2.1.3.2　识读系统设计图

图2-2是本任务的系统设计图，工程实施人员需要根据设计图进行安装调试。

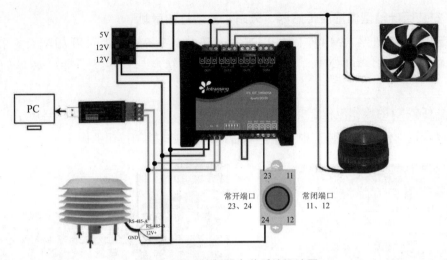

图2-2　联动控制器安装系统设计图

2.1.3.3　安装设备

1. 安装配线槽

请参照1.1任务1的操作要求和规范，结合实训工位尺寸，制作配线槽；挑选符合规格要求的螺丝、螺母和垫片，使用螺丝刀等工具完成物联网实训架配线槽的安装。

2. 安装联动控制器

挑选合适的螺丝（M4×16）、螺母、垫片。2名施工人员互相配合，在物联网实训架上使用十字螺丝刀完成联动控制器的安装。

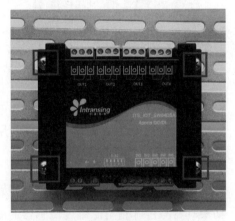

图2-3　联动控制器安装效果

联动控制器安装后的效果如图2-3所示，此时还需认真检查设备安装的牢固性。

知识链接：联动控制器

联动控制也称为联锁操作或简单程控，它根据被控对象之间的简单逻辑关系，利用联锁条件和闭锁条件将被控对象的控制电路按要求互相联接在一起，以形成某种特定的逻辑关系，从而实现自动操作。联动控制器适用于控制范围小、操作项目少、操作步骤少的被控对象。

例如，联动控制器在消防中的应用：当火灾发生时，温度探测器、烟雾探测器感应到变化且超过阈值时，向主机发出报警信号，主机接收信号后，经过识别、处理，再向联动模块发出信号，模块接收信号后，启动防火卷闸门、消防水泵，防火门下降隔断有火区和无火区，同时消防水泵工作，喷淋系统开始喷水。

3. 安装百叶箱型温湿度传感器、风扇、警示灯和导轨

挑选合适的螺丝（M4×16）、螺母、垫片，2名施工人员互相配合，在物联网实训架上使用十字螺丝刀完成百叶箱型温湿度传感器的安装，安装效果如图2-4所示。

根据任务1.1的操作流程，完成风扇和警示灯的安装，安装效果如图2-5所示。

选取合适的位置，安装一根导轨，以备后续自锁式控制按钮的固定。

图2-4　百叶箱型温湿度传感器安装效果　　　　图2-5　风扇和警示灯安装效果

4. 安装接线端子

请参照任务1.1的操作要求和规范完成接线端子导轨和接线端子组的安装。由于后续多个设备需要连接电源，我们需要用短路帽将端子排进行短接。

5. 并检测线路连接

施工人员根据系统设计图进行线路连接，具体操作包括联动控制器与电源连接、联动控制器与百叶箱型温湿度传感器的RS-485信号线连接、联动控制器与自锁式控制按钮连接、联动控制器与执行器连接四个环节。

1）联动控制器与电源连接

此项操作的具体步骤如下。

步骤1： 剪取一段红黑导线，导线一端的红色线接入联动控制器左下方的电源正极（+），黑色线接入电源负极（-），导线另一端接入接线端子的上方卡口，效果如图2-6所示。

步骤2： 再剪取一段红黑导线连接接线端子下方卡口，红、黑导线的连接位置与接线端子上方卡口的相对应，效果如图2-7所示。

步骤3： 红黑导线的另一端与电源上标识为12V的端子相连接，其中红色线接电源正极，黑色线接电源负极。

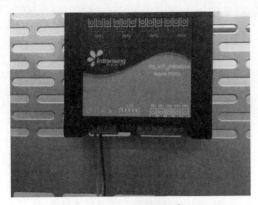

图2-6　联动传感器接电源线效果

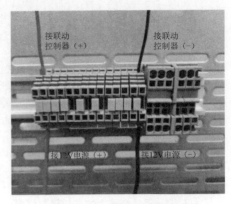

图2-7　接线端子连接效果

2）联动控制器与百叶箱型温湿度传感器的RS-485信号线连接

此项操作的具体步骤如下。

步骤1：将百叶箱型温湿度传感器的4根导线中的棕色线接入接线端子中12V电源（＋）所在的卡口上方，黑色线接入12V电源（－）所在的卡口上方，黄色和蓝色线（RS-485信号线）接在中间位置（下方卡口无线路连接），效果如图2-8所示。

步骤2：各剪取一段黄、蓝导线，黄、蓝导线的一端分别接在联动控制器的A+、B-端子，并用一字螺丝刀旋紧螺丝，效果如图2-9所示。

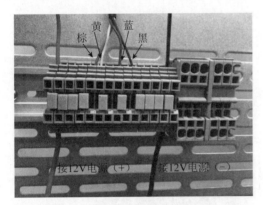

图2-8　联动传感器接电源线效果

图2-9　联动控制器的RS-485信号接线

步骤3：将黄、蓝导线的另一端接入接线端子，并与百叶箱型温湿度传感器的黄、蓝导线分别并联，注意接线端子上的短路帽位置，效果如图2-10所示。

步骤4：再各剪取一段黄、蓝导线，一端接入接线端子的下方，如图2-11所示，另一端分别连接USB TO 485 CABLE信号转接模块上标有"D+/A+"（黄）和"D-/B-"（蓝）的接线端子。

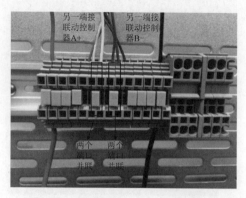

图2-10 接线端子上方卡口连接情况

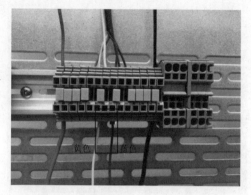

图2-11 接线端子下方卡口连接情况

百叶箱型温湿度传感器的导线线色说明见表2-3，电源接口为宽电压输入，在10～30V均可。连接RS-485信号线时应注意A、B两条线不能接反。

表2-3 百叶箱型温湿度传感器的导线线色说明

导线性质	导线颜色	说明
电源	棕色	电源正极（10～30V DC）
	黑色	电源负极
通信	黄色	RS-485（A）
	蓝色	RS-485（B）

3）联动控制器与自锁式控制按钮连接

此项操作的具体步骤如下。

步骤1： 观察自锁式控制按钮，按钮在弹起的状态下，先判断常开、常闭端口，如图2-12所示。

常开触点

常闭触点

图2-12 自锁按钮常开/常闭情况

步骤2： 剪取一段红黑导线，红色线接自锁式控制按钮23号端子，黑色线接自锁式控制按钮24号端子（开关的接线不分正负极，接线方式一般遵循电路从左到右，从上到下）。接线时，需要用十字螺丝刀将螺丝旋开，将铜丝插入，注意铜丝不能裸露，再将螺丝旋紧，效果如图2-13所示。

步骤3： 将自锁式控制按钮卡在导轨上，注意接红色线的一侧朝上，如图2-14所示。

图2-13   自锁式控制按钮连线方式

图2-14   固定自锁式控制按钮

步骤4：将红色导线的另一端接在联动控制器右下角的IN3端子（第三个端子），效果如图2-15所示。

步骤5：再剪取一段红色导线，将联动控制器右下角的VIN和COM+端子（第一个和第二个端子）进行短接，效果如图2-16所示。

图2-15   联动控制器开关量输入连接

图2-16   线路短接

步骤6：将自锁式控制按钮的黑色导线连入DC 12V电源（-）端的接线端子上方卡口，如图2-17所示。

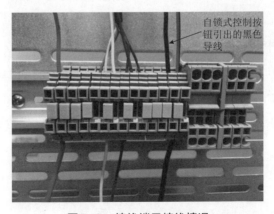

图2-17   接线端子接线情况

知识链接：有源开关量和无源开关量的接线方式

　　联动控制器的输入接线方式有有源开关量和无源开关量两种。有源开关量（NPN型低电平）接线示意图如图2-18所示，无源开关量（干接点）接线示意图如图2-19所示。

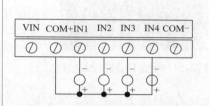

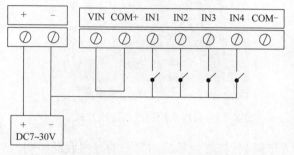

图2-18　有源开关量（NPN型低电平）接线示意图　　　　图2-19　无源开关量（干接点）接线示意图

知识链接：自锁开关（按钮）

　　自锁开关指按钮自带机械锁定功能的开关，按下去，松手后按钮不会完全跳起，处于锁定状态，需要再按一次，才能解锁完全跳起来。

　　带灯自锁开关与普通自锁开关的不同之处仅仅在于：带灯开关充分利用其按键中的空间，安放了一只小型指示灯泡或LED，其一端接零线，另一端一般通过一只降压电阻与开关的常开触点并联，当开关闭合时，设备运转的同时也为指示灯提供了电源。其种类有对角式同时开关、平行式同时开关、跨越式同时开关等。

　　4）联动控制器与执行器连接

　　此项操作的具体步骤如下。

　　步骤1：剪取一段红黑导线，红色导线一端接入接线端子12V电源（+）上方卡口，另一端接到联动控制器左上方OUT1组的第二个端子。

　　步骤2：将步骤1中的黑色导线一端接入接线端子12V电源（-）上方卡口，另一端与风扇的黑色导线连接在一起（风扇的黑色导线不够长，因此需要延长）。此时接线端子接线情况如图2-20所示。

　　步骤3：将风扇的红色导线接到联动控制器左上方OUT1组的第三个端口，如图2-21所示。

图2-20　接线端子接线情况

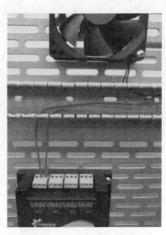

图2-21　与风扇相连线路

步骤4： 按步骤1到步骤3的方法，连接联动控制器与警示灯。联动控制器端接线情况如图2-22所示。

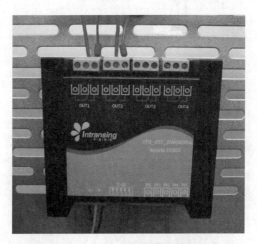

图2-22　联动控制器接线情况

知识链接：联动控制器输出端的接线方式

联动控制器输出端的接线方式，针对交流220V设备、不带零线交流380V设备、直流30V以下设备采用不同的方式：

①交流220V设备接线示意图如图2-23所示；②不带零线交流380V设备接线示意图如图2-24所示；③直流30V以下设备接线示意图如图2-25所示。

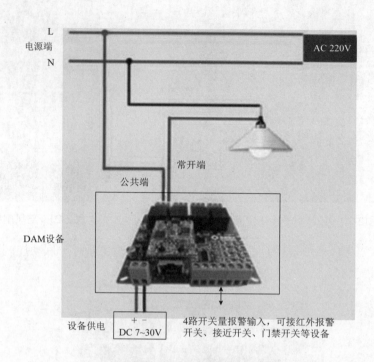

图2-23　交流220V设备接线示意图

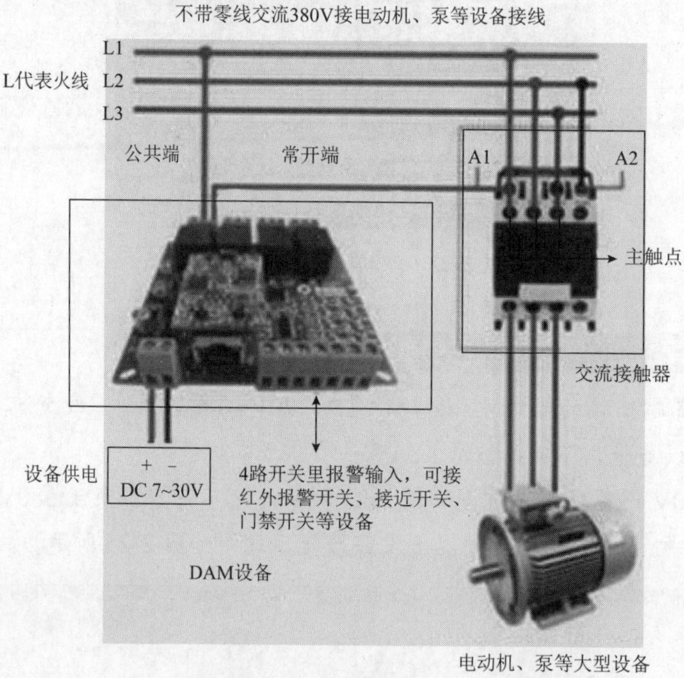

不带零线交流380V接电动机、泵等设备接线

图2-24　不带零线交流380V设备接线示意图

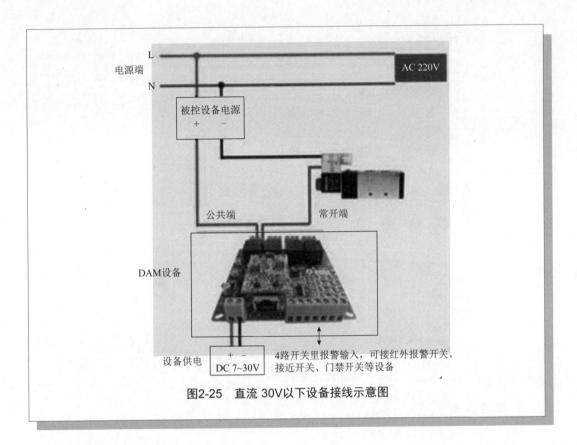

图2-25 直流 30V以下设备接线示意图

6.检测电路并上电

线路连接完毕，使用万用表的蜂鸣档检测线路。线路测试无误后，打开总电源，联动控制器左下方的指示灯亮起。

2.1.3.4 配置有线通信参数

DAM调试软件是一款适用于继电器板、采集卡等设备的测试软件，具有继电器控制、查询开头量状态、更改工作模式等功能。

1.认识软件界面

设备上电后，打开"DAM调试软件"，界面如图2-26所示。

"DAM调试软件"具备的功能有：继电器状态查询、继电器独立控制、模拟量读取、开关量状态查询、调试信息查询、工作模式的更改、偏移地址的设定，以及继电器整体控制。

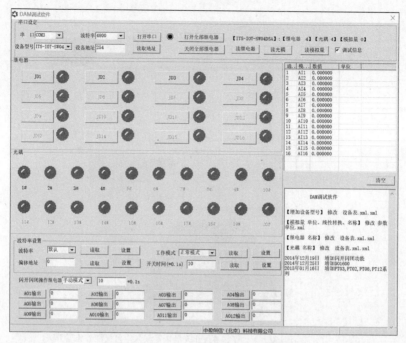

图2-26 "DAM调试软件"界面

2. 通信测试

通信测试的具体步骤如下。

步骤1：打开"计算机管理"窗口，单击"设备管理器"选项，查询串口号，如图2-27所示，可知联动控制器使用的串口号为"COM3"。

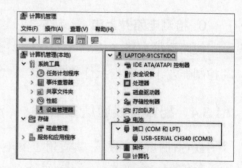

图2-27 设备管理器界面

步骤2：在"DAM调试软件"的"串口设定"选项组按顺序选择当前串口号、波特率（联动控制器默认为9600b/s），单击"打开串口"按钮，选择对应的设备型号，将设备地址修改为"254"，单击"读取地址"按钮，如图2-28所示。软件界面底部提示"读取成功"，读到的设备地址会变为"0"或"1"，软件右下方的发送和接收指令正确，如图2-29所示，则说明设备与计算机通信成功。

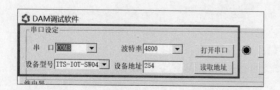

图2-28 串口设定

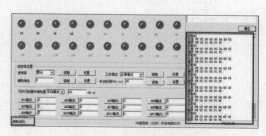

图2-29 收发指令界面1

知识链接：设备地址、拨码开关地址和偏移地址

图2-30　拨码开关

设备地址：DAM 系列设备地址默认为"1"，使用广播地址"254"进行通信，若读到默认地址为"0"，需先更改地址，因为地址为"0"无法通信。设备地址＝拨码开关地址＋偏移地址。

拨码开关地址：拨码开关如图 2-30 所示。五个拨码全都拨到"ON"位置时，为地址"31"；五个拨码全都拨到"OFF"位置时，为地址"0"；最左边的"1"开关表示二进制最低位。

拨码开关地址表如图 2-31 所示。

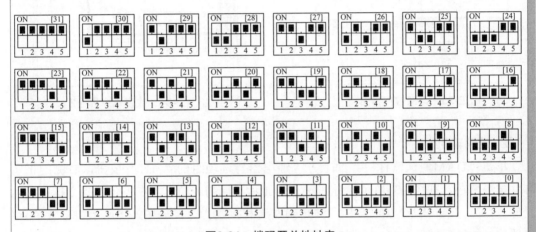

图2-31　拨码开关地址表

偏移地址：偏移地址也称为偏移量，可以单击"DAM 调试软件"界面下方"偏移地址"选项右边的"读取"或"设置"按钮来对设备的偏移地址进行读取或设置，如图 2-32 所示。

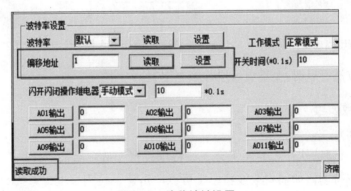

图2-32　偏移地址设置

2.1.3.5　实现数据交互

设备能正常通信后，可以通过软件与设备进行数据交互及设置更改。

1. 读取数据

单击"DAM调试软件"界面上方的"读继电器"按钮，如图2-33所示，界面右下方指令框中显示"读取DO"并正确发送和接收指令；单击"读光耦"按钮，界面右下方指令框中显示"读取DI"并正确发送和接收指令，如图2-34所示。

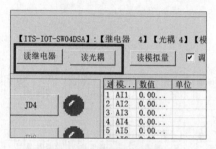

图2-33　读取数据界面

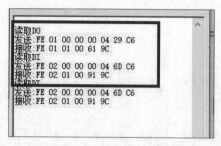

图2-34　收发指令界面2

2. 控制输出

单击"DAM调试软件"界面上方"继电器"选项组的"JD1"按钮，右侧的指示灯会呈亮紫色，如图2-35所示，界面左下角显示"控制成功"，右下角的指令框中显示"操作DO　打开第1个继电器"，并正确发送和接收指令，如图2-36所示。查看1路继电器控制的风扇转动情况，如图2-37所示。完成后可以关闭1路继电器。

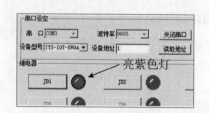

图2-35　继电器控制界面

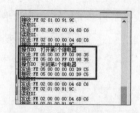

图2-36　收发指令界面3

图2-37　风扇状态

使用以上方法可以对4个继电器进行独立控制。

3. 更改参数设置

1）波特率的读取与设置

单击"DAM调试软件"界面下方"波特率设置"选项组的"读取"按钮，可以读取现在设备的波特率。如需更改波特率，可以单击该下拉列表框，选择合适的波特率；单击"设置"按钮，如图2-38所示。设置操作完成后需要重启设备和修改计算机的串口设置才能生效。

2）工作模式的读取与设置

单击"DAM调试软件"界面下方工作模式右侧的"读取"按钮，读取当前的工作模式，如需更改工作模式，可以单击"工作模式"下拉列表，选择所需的工作模式并单击"设置"按钮即可，如图2-39所示。

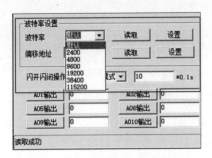

图2-38　波特率的读取与设置

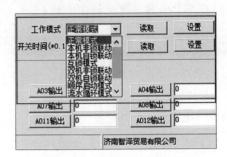

图2-39　工作模式的读取与设置

知识链接：联动控制器的工作模式

　　联动控制器的工作模式有本机非锁联动模式和本机自锁联动模式两种。

　　本机非锁联动模式：本机带有光耦输入和继电器输出的板卡模块，输入光耦与继电器为直接联动。即光耦输入信号生效→对应继电器闭合；光耦输入信号取消→对应继电器断开。该模式下因为机械及程序有延迟，所以光耦输入信号到继电器动作会有一定的延迟，但最大不会超过0.05s。由于该模式下所有继电器受光耦联动，所以会出现串口无法操作继电器的现象，但并不是异常现象，而是串口操作继电器后，继电器的动作还在被光耦之前的状态联动。

　　本机自锁联动模式：本机带有光耦输入和继电器输出的板卡模块，光耦每输入一次信号，对应的继电器翻转（闭合变断开、断开变闭合）一次。即光耦输入信号生效→继电器翻转；光耦输入信号取消→继电器不动作。该模式同样存在本机非锁联动模式的延迟问题，但是延迟时间同样不会大于0.05s。该模式主要用于外部信号触发控制设备启停的场合，例如光耦模块外接一个按钮，对应的继电器外接用电设备，则每按一次按钮，设备就会切换一次启停状态。

　　3）闪开闪闭功能设置

　　单击"DAM调试软件"下方"闪开闪闭操作继电器"下拉列表框选择"手动模式""闪闭模式""闪断模式"模式，如图2-40所示。

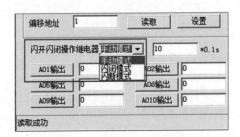

图2-40　闪开闪闭功能设置

注意：闪开闪闭模式不能写入设备芯片内，在软件里选择闪断闪开模式后，所有通道都处于闪开闪闭模式下，可通过发送单个通道的闪开闪闭指令来进行单个通道的控制，而不影响其他通道的正常控制。

知识链接：闪开闪闭功能说明

手动模式：对继电器每操作一次，继电器翻转一次（闭合时断开，断开时闭合）；

闪闭模式：对继电器每操作一次，继电器闭合1s（实际时间 [单位：秒]＝设置数字 ×0.1）后自行断开；

闪断模式：对继电器每操作一次，继电器断开1s（时间可调）后自行闭合。

2.1.3.6　解析数据格式

通过软件与设备进行数据交互与设定更改后，软件界面右下角的指令框中会产生对应指令，操作者可以参照指令列表了解相关信息。

1. 查询继电器状态

单击"DAM调试软件"的"读继电器"按钮（4路继电器），指令框中显示"发送：FE 01 00 00 00 04 29 C6"指令，如图2-34所示。继电器状态发送指令解析见表2-4。从表中我们可以找到要查询的继电器的起始位置和继电器的数量。

表2-4　继电器状态发送指令解析

字段	含义	备注
FE	设备地址	这里为广播地址
01	01指令	查询继电器状态指令
00 00	起始地址	要查询的第一个继电器寄存器地址
00 04	查询数量	要查询的继电器数量
29 C6	CRC16	前6字节数据的CRC16校验码

"读继电器"指令发送后，继电器模块会即时返回信息"接收：FE 01 01 00 61 9C"指令，指令解析见表2-5。从表中我们可以看出查询内容正确，4个继电器状态都为"0"。

表2-5　继电器状态接收指令解析

字段	含义	备注
FE	设备地址	
01	01指令	返回指令：如果查询错误，返回 0x81
01	字节数	返回状态信息的所有字节数
00	查询的状态	返回的继电器状态。 Bit0：第一个继电器状态 Bit1：第二个继电器状态 …… Bit3：第四个继电器状态
61 9C	CRC16	前6字节数据的CRC16校验码

2. 控制继电器输出

控制 1 路继电器闭合后，指令框中显示"操作DO 打开第1个继电器"，"发送：FE 05 00 00 FF 00 98 35"指令，内容如图2-36所示，指令解析见表2-6。

表2-6　继电器闭合指令解析

字段	含义	备注
FE	设备地址	这里为广播地址
05	05指令	单个控制指令
00 00	地址	要控制的继电器寄存器地址
FF 00	指令	继电器闭合的动作
98 35	CRC16	前6字节数据的CRC16校验码

打开继电器指令发送后，继电器模块会即时返回信息"接收：FE 05 00 00 FF 00 98 35"指令，与发送指令相一致。

再次控制 1 路继电器断开，指令框中显示"操作DO 关闭第1个继电器""发送：FE 05 00 00 00 00 D9 C5"指令，内容如图2-36所示，指令解析见表2-7。

表2-7　继电器断开控制指令解析

字段	含义	备注
FE	设备地址	这里为广播地址
05	05指令	单个控制指令
00 00	地址	要控制的继电器寄存器地址
00 00	指令	继电器断开的动作
D9 C5	CRC16	前6字节数据的CRC16校验码

关闭继电器指令发送后，继电器模块会即时返回信息"接收：FE 05 00 00 00 00 D9 C5"指令，与发送指令相一致。

3. 查询光耦输入状态

单击"DAM调试软件"界面的"读光耦"按钮（4路光耦），指令框中显示"发送：FE 02 00 00 00 04 6D C6"指令，内容如图2-34所示，光耦状态发送指令解析见表2-8。

表2-8　光耦状态发送指令解析

字段	含义	备注
FE	设备地址	
02	02指令	查询离散量输入（光耦输入）状态指令
00 00	起始地址	要查询的第一个光耦寄存器地址
00 04	查询数量	要查询的光耦状态数量
6D C6	CRC16	前6字节数据的CRC16校验码

"读光耦"指令发送后，光耦模块会即时返回信息接收"FE 02 01 00 91 9C"指令，指令解析见表2-9。

表2-9　光耦状态接收指令解析

字段	含义	备注
FE	设备地址	
02	02指令	返回指令：如果查询错误，返回 0x82
01	字节数	返回状态信息的所有字节数
00	查询的状态	返回的光耦状态。 Bit0：第一个光耦状态 Bit1：第二个光耦状态 …… Bit3：第四个光耦状态
91 9C	CRC16	前6字节数据的CRC16校验码

2.1.4　知识提炼

2.1.4.1　输入 / 输出模块

1. 输入/输出模块概述

输入/输出模块也称为控制模块，在有控制要求时可以输出信号，或者提供一个开关量信号，使被控设备动作，同时可以接收设备的反馈信号，以向主机报告，是一些报警联动系统中（例如火灾报警联动系统）重要的组成部分。市场上的输入/输出模块都可以提供一对无源常开/常闭触点，用以控制被控设备，部分厂家的模块可以通过参数设定，设置成有源输出，相对应的还有双输入/输出模块、多输入/输出模块等。

2. 开关量输入、输出模块

1）开关量输入模块

开关量输入模块用来接收现场输入设备的开关信号，将信号转换为设备内部接受的低电压信号。选择时主要应考虑以下几个方面。

（1）输入信号的类型及电压等级。

开关量输入模块有直流输入、交流输入和交流/直流输入三种类型。选择时主要根据现场输入信号和周围环境等因素。直流输入模块的延迟时间较短，还可以直接与接近开关、光电开关等电子输入设备连接；交流输入模块可靠性好，适合于在有油雾、粉尘的恶劣环境下使用。

开关量输入模块的输入信号的电压等级有：直流5V、12V、24V、48V、60V等；交流110V、220V等。选择电压时主要根据现场输入设备与输入模块之间的距离来考虑。5V、12V、24V用于传输距离较近场合，例如5V输入模块最远不得超过10m。距离较远的应选用输入电压等级较高的模块。

（2）输入接线方式。

开关量输入模块主要有汇点式和分组式两种接线方式。

汇点式的开关量输入模块所有输入点共用一个公共端（COM）；而分组式的开关量输入模块是将输入点分成若干组，每一组（几个输入点）有一个公共端，各组之间是分隔的。分组式的开关量输入模块价格较高，如果输入信号之间不需要分隔，一般选用汇点式的。

（3）注意同时接通的输入点数量。

对于选用高密度的输入模块（如32点、48点等），应考虑模块能同时接通的点数，一般不要超过输入点数的60%。

（4）输入门槛电平。

为了提高系统的可靠性，必须考虑输入门槛电平的大小。门槛电平越高，抗干扰能力越强，传输距离也越远。

2）开关量输出模块

开关量输出模块是将设备内部低电压信号转换成驱动外部输出设备的开关信号，选择时主要应考虑以下几个方面。

（1）输出方式。开关量输出模块有继电器输出、晶闸管输出和晶体管输出三种方式，它们的优缺点见表2-10。

表2-10　开关量输出模块的三种输出方式

输出方式	类型	优点	缺点
继电器输出	有触点元件	价格便宜，既可以用于驱动交流负载，又可用于直流负载，而且适用的电压大小范围较宽、导通压较低，同时承受瞬时电压和电流的能力较强	动作速度较慢、寿命较短、可靠性较差，只适用于不频繁通断的场合
晶闸管输出	无触点元件	适合频繁通断的场合	只能用于交流负载
晶体管输出	无触点元件	适合频繁通断的场合	只能用于直流负载

（2）输出接线方式。开关量输出模块主要有分组式和分隔式两种接线方式。

分组式输出是几个输出点为一组，一组有一个公共端，各组之间是分隔的，可分别用于驱动不同电源的外部输出设备；分隔式输出是每一个输出点有一个公共端，各输出点之间相互隔离。选择时主要根据输出设备的电源类型和电压等级的多少而定。

（3）驱动能力。开关量输出模块的输出电流（驱动能力）必须大于外接输出设备的额定电流。用户应根据实际输出设备的电流大小来选择输出模块的输出电流。如果实际输出设备的电流较大，输出模块无法直接驱动，可增加中间放大环节。

（4）同时接通的输出点数量。选择开关量输出模块时，还应考虑能同时接通的输出点数量。同时接通输出设备的累计电流值必须小于公共端所允许通过的电流值，如一个220V/2A的8点输出模块，每个输出点可承受2A的电流，但输出公共端允许通过的电流并不是16A（8×2A），通常要比此值小得多。一般来讲，同时接通的点数不要超出同一公共端输出点数的60%。

（5）负载类型、环境温度等因素。开关量输出模块的技术指标与不同的负载类型密切相关，特别是输出的最大电流。另外，晶闸管的最大输出电流随环境温度升高而降低，在实际使用中也应注意。

3. 输入输出模块的检测与维护

1）检测

输入输出模块的检测方法是利用控制器的远程调试功能，利用控制器发出命令使模块动作，观察闭合（断开）触点的输出情况。此外还需触发外控设备使其发出闭合信号，或者是短接模块内部的"反馈"端子，观察模块动作情况，是否回传监管信号至联动控制器。

2）维护

（1）每年至少清洁一次，以保证系统的正常运行。

（2）每月至少触发一次动作，以保证系统的正常运行。

2.1.4.2 光耦

光耦合器（Optical Coupler，OC），也称光电隔离器或光电耦合器。光耦合器的结构图如图2-41所示，它是以光为媒介来传输电信号的器件，通常把发光管（A部分，通常为红外线发光二极管）与受光器（B部分，通常为光敏半导体管）封装在一个管壳内。当信号输入端有电信号输入时，发光器就发出光线，受光器则接收光线产生光电流，从信号输出端输出，从而实现"电—光—电"控制。

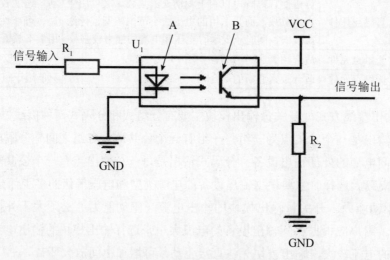

图2-41　光耦合器结构示意图

2.1.4.3 有线通信技术

通信技术是物联网数据交互的基础，万物互联离不开各种通信技术的支持，有线通信技术就是其中的一种。目前比较普遍的有线通信方式有ETH、USB、PLC、M-BUS、

RS-485、RS-232等，见表2-11。

表2-11　常见的有线通信方式

通信方式	特点	适用场景
ETH	协议全面，通用，成本低	智能终端
USB	大数据量近距离通信，标准统一，支持热插拔	办公
PLC	针对电力载波，覆盖范围广，安装简便	电表
M-BUS	针对抄表设计，使用普通双绞线，抗干扰性强	抄表
RS-232	一对一通信，成本低，传输距离短	少量仪表等
RS-485	总线方式，成本低，抗干扰性强	工业仪表，抄表等

1. 以太网（Ethernet）

以太网用于支持以太网标准的智能终端的连接和使用，采用的是CSMA/CD技术，包括两个层面：

（1）PYP——物理层，它的作用是将数字信号变成在可支持的传输媒介上传输的模拟信号。

（2）MAC——媒体接入控制，它和RLC（无线链路控制）、BMC（广播/组播控制）、PDCP（分组数据汇聚协议）一起构成了OSI七层模型中的数据链路层。MAC的主要功能是负责发送和接收数据。

2. 通用串行总线（Universal Serial Bus，USB）

USB通信协议有三种：USB 1.1、USB 2.0和USB 3.0，它们的传输速率分别为12Mb/s、480Mb/s和5Gb/s。一般来说，USB系统就是用一条USB电缆将PC机和外设连接起来。通常把这种外设称为USB设备，把其所连接的PC机称为USB主机；把USB设备指向USB主机的数据传输方向称为上行通信，反之称为下行通信。

3. 电力线通信（Power Line Communication，PLC）

PLC是一种利用电力线传输数据的通信方式，按频段可分为窄带、中频带和宽带技术。

最早PLC技术没有大规模应用是由于电网环境复杂、噪声干扰强，以及变化大，但是现在华为推出的PLC-IoT（融合HPLC/IEEE 1901.1）有效解决了电力线路信号干扰、衰减问题，支持IP化通信能力，这才实现了有电的地方就有网络，让智慧真正意义上触达了边缘联接。

4. 仪表总线（Meter Bus，M-Bus）

M-Bus是一种专门为消耗测量仪器和计数器传送信息的数据总线设计的。它的最大传输距离为1000m，且M-Bus可为现场设备供电，无需再布设电源线，总线供电能力为5A，节点功率需小于0.65mA，因此在建筑物和工业能源消耗数据采集方面有广泛的应用。

5. RS-232和RS-485

RS-232和RS-485都是串行数据接口标准，最初都是由美国电子工业协会（EIA）制定并发布的，但它们在通信记录、传输方式等方面都有不同，具体见表2-12。

表2-12　RS-232和RS-485通信方式

通信方式	通信距离	传输方式	通信数量	传输速率
RS-232	不超过20m	不平衡传输方式，单端通信	一对一通信	38.4Kb/s
RS-485	理论上1200m，实际300～500m	平衡传输，差分传输方式	总线上最多允许128个收发器	10Mb/s

2.1.5　任务评估

任务完成后，施工人员请根据任务完成情况进行相互检查、评价并填写任务评估表（表2-13）。

表2-13　任务评估表

检查内容	检查结果		满意率		
配线槽是否安装牢固，且线槽盖板是否盖好	是□	否□	100%□	70%□	50%□
联动控制器安装是否牢固	是□	否□	100%□	70%□	50%□
是否正确选择螺丝、螺母、垫片	是□	否□	100%□	70%□	50%□
导线延长线是否存在露铜现象	是□	否□	100%□	70%□	50%□
联动控制器电源供电是否正确，RS-485通信导线连接是否正确	是□	否□	100%□	70%□	50%□
联动控制器与传感器是否能正常通信	是□	否□	100%□	70%□	50%□
联动控制器与执行器是否能正常通信	是□	否□	100%□	70%□	50%□
完成任务后使用的工具是否摆放、收纳整齐	是□	否□	100%□	70%□	50%□
完成任务后工位及周边的卫生环境是否整洁	是□	否□	100%□	70%□	50%□

2.1.6　拓展练习

▶ **理论题：**

1. 本任务中用到的联动控制器默认的波特率是（　　）。

A. 2400　　　　　　　　　　　　　　B. 4800

C. 9600　　　　　　　　　　　　　　D. 12 800

2. 联动控制器的供电电压是（　　）。

A. DC 7～30V　　　　　　　　　　　B. AC 7～30V

C. DC 12V　　　　　　　　　　　　　D. AC 24V

3. 联动控制器最多能设置（　　）个设备地址。

A. 31　　　　　　　　　　　　　　　B. 32

C. 254　　　　　　　　　　　　　　D. 255

4. "DAM调试软件"不具备以下哪项功能？（　　）

A. 继电器状态查询　　　　　　　　B. 调试信息查询

C. 模拟量控制　　　　　　　　　　D. 开关量状态查询

5. 以下哪项不是联动控制器的闪开闪闭模式？（　　）

A. 手动模式　　　　　　　　　　　B. 闪开模式

C. 自动模式　　　　　　　　　　　D. 闪断模式

▶ **操作题：**

1. 将联动控制器的工作模式由正常模式改为"本机非锁联动模式"和"本机自锁联动模式"，观察系统控制的变化并记录。

2. 更改联动控制器的闪开闪断模式，观察系统控制的变化并记录。

3. 将执行器接在3或4路继电器上，打开继电器，读取指令并解析数据。

2.2 任务2 多模链路控制器安装与配置

2.2.1 任务描述

因智能气象站需要加装多模链路控制器来远程收集RS-232和RS-485类型信号,将其转换为Wi-Fi与有线以太网的数据双向透明传输,并设置两个远距离的有线传输站点供监察员查询。因此要求物联网智能终端通信实施人员小张根据任务工单要求在现场完成设备的安装、配置和调试。

任务实施之前,施工人员需认真研读任务工单和系统设计图,充分做好实施前的准备工作。

任务实施过程中,首先使用配线槽、接线端子等部件规范工程布线,然后安装多模链路控制器,实现多模链路控制器与电源、输入端的线路、执行器的线路的连接,并使用万用表检测连通性;然后进行多模链路控制器的网络链路配置,将物联网感知设备、控制设备、执行器连接到指定云平台上,从而实现系统的远程操作。在任务实施全过程中要始终保持和践行精益求精的工作态度,彰显工匠精神。

任务实施之后,进一步认识和了解以太网通信协议、RS-232通信协议和RS-485通信协议。

2.2.2 任务工单与任务准备

2.2.2.1 任务工单

安装与配置多模链路控制器的任务工单如表2-14所示。

表2-14 任务工单

任务名称	多模链路控制器安装与配置		
负责人姓名	张××	联系方式	135××××××××
实施日期	20××年××月××日	预计工时	3h
设备选型情况	多模链路控制器选用ITS-IOT_GW24WE630型号,通信接口支持RS-485或RS-232,支持802.11b/g/n无线标准		
工具与材料	十字螺丝刀2把,一字螺丝刀1把,数字式万用表1台,螺丝(M4×16)、螺母、垫片2套,配线槽4m,红黑导线1.5m,黄导线1.5m,蓝导线1.5m,剥线钳1把,斜口钳1把,压线钳1把,电工胶布1卷,配置用笔记本电脑/台式计算机1台		
工作场地情况	室内,空间约60m²,水电通,已装修		

续表

任务名称	多模链路控制器安装与配置			
外观、功能、性能描述	功能描述： 支持RS-232/RS-485转Wi-Fi/以太网接口的通信方式； 串口工作模式可选择透明传输模式、串口指令模式、HTTPD Client模式、Modbus TCP<=> Modbus RTU模式； 支持透传云注册包设置； 支持路由和桥接模式； 支持快速联网协议； 支持超时重启、定时重启功能 性能描述： 支持IEEE 802.11b/g/n无线标准； 支持DHCP自动获取IP，支持工作在AP模式时为从设备分配IP； 状态指示灯包括Power、Work、Ready、Link、UART1； 电压DC 5～36V输入			
进度安排	① 8：30～9：30完成设备安装与测试； ② 9：30～10：30完成设备配置与测试； ③ 10：30～11：30运行检测与交付			
实施人员	以小组为单位，成员2人			
结果评估（自评）	完成□ 基本完成□ 未完成□ 未开工□			
情况说明				
客户评估	很满意□ 满意□ 不满意□ 很不满意□			
客户签字				
公司评估	优秀□ 良好□ 合格□ 不合格□			

注：IEEE，电气与电子工程师学会。

2.2.2.2 任务准备

明确任务要求，在2.1任务1的基础上，了解任务实施环境情况，完成设备选型，准备好相关工具和足量的耗材，安排好人员分工和时间进度。

注意： 多模链路控制器电源接口的输入电压为DC 5～36V，此处选用12V。

认真观察多模链路控制器的端口与指示灯（见表2-15），连接设备时操作务必规范安全。

表2-15 多模链路控制器的接口说明

引脚	说明
Ψ	天线接口
TBD	Micro USB接口
RS-232	RS-232接口，又称串口，此处为公口（针）
RS-485	RS-485接口，数据传输通过A（data+）和B（data−）
WAN/LAN	此接口可作为WAN口（广域网接口），也可作为LAN口（局域网接口）使用
LAN	只能用作LAN口（局域网接口）使用

续表

引脚	说明
DC 5～36V（＋ －）	电源接口
⊖—●—⊕ DC 5～36V	5.5mm×2.1mm标准DC电源接口

2.2.3 任务实施

2.2.3.1 解读任务工单

施工人员需要安装并配置多模链路控制器，收集RS-232和RS-485类型信号，将其转换为Wi-Fi信号与有线以太网的数据双向透明传输，方便监察员随时查询气象环境变化。

使用螺丝刀、万用表等工具，在指定位置安装型号为ITS-IOT-GW24WEA的多模链路控制器，实现系统的无线网络通信。该任务计划由2名施工人员在3h内完成安装，并进行无线工作模式、以太网功能、网络参数、无线接入点、无线终端等相关内容的配置，运行正常后交付使用。

2.2.3.2 识读系统设计图

图2-42是本任务的系统设计图，工程实施人员需要根据设计图进行安装调试。

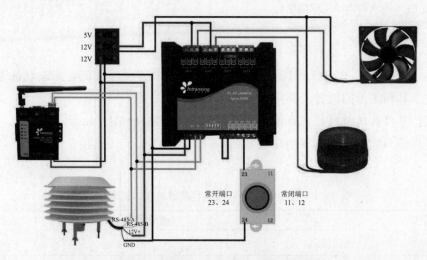

图2-42 多模链路控制器安装系统设计图

2.2.3.3 安装设备

本任务是在2.1任务1的基础上，加装多模链路控制器。

1．安装多模链路控制器

挑选合适的螺丝（M4×16）、螺母和垫片，两名施工人员互相配合，在物联网实训工位架上使用十字螺丝刀完成多模链路控制器的安装。

多模链路控制器安装后的效果如图2-43所示，此时还需认真检查设备安装的牢固性。

2．连接多模链路控制器电源

剪取一段红黑导线，红色线接5.5mm×2.1mm标准DC电源接口（+）级，黑色线接电源接口（-）级。将5.5mm×2.1mm标准DC电源插头插入多模链路控制器接口中，效果如图2-44所示。

图2-43　多模链路控制器安装效果

图2-44　多模链路控制器连接电源

3．连接多模链路控制器与联动控制器

连接多模链路控制器与联动控制器的操作步骤如下。

步骤1： 剪一段黄色导线，一端连入联动控制器的RS-485（A）端子，另一端连入接线端子上方卡口。

步骤2： 剪一段蓝色导线，一端连入联动控制器的RS-485（B）端子，另一端连入接线端子上方卡口。

步骤3： 从接线端子下方对应卡口中引出黄、蓝导线分别接入多模链路控制器右上方的RS-485（A）端子和RS-485（B）端子，效果如图2-45所示。

说明：此处由于2.1任务1中百叶箱型温湿度传感器和联动控制器都需要RS-485信号通信，因此多模链路控制器与联动控制器的连接需要通过接线端子并联，连接方式可以参考2.1任务1的连线步骤。

4．测试并通电

使用万用表的蜂鸣挡测试线路通断是否正常。检测为正常后打开电源开关，多模链路控制器指示灯Power灯和Ready灯常亮，Work灯每2s闪动一次，效果如图2-46所示。

图2-45　多模链路控制器连接信号线

图2-46　多模链路控制器通电后情况

知识链接：多模链路控制器指示灯功能说明

多模链路控制器面板的上方有5个指示灯，下方有2个指示灯，具体功能见表2-16。

表2-16　多模链路控制器指示灯说明

指示灯	功能	说明
Power	电源指示	电源输入正确时常亮
Work	工作指示	内部系统部分启动则2s闪烁一次
Ready	启动完成指示	内部系统启动完成后常亮
Link	网络连接	网络连接建立后亮
UART1	串口状态指示	串口收发数据时闪烁
WAN/LAN	网口1接入指示	WAN/LAN端口有网线接入时常亮，发送数据时闪烁
LAN	网口2接入指示	LAN端口有网线接入时常亮，发送数据时闪烁

2.2.3.4　配置多模链路控制器参数

1. 准备工作

小张需要配置多模链路控制器参数，必须先将多模链路控制器与计算机相连。准备一条通信正常的网线，连接计算机和多模链路控制器，效果如图2-47所示。

2. 连接设备

在计算机上启动浏览器，根据多模链路控制器背后标签内容（见图2-48）。输入该多模链路控制器默认IP地址。

多模链路控制器的出厂默认参数见表2-17。

图2-47　多模链路控制器安装网线

表2-17　多模链路控制器出厂默认参数

项目	参数值
加密方式	Open
串口参数	波特率：115 200b/s； 数据位：8； 校验位：none； 停止位：1
网络参数	协议：TCP； 端口：8899； 服务器地址：10.10.100.254
本机IP	10.10.100.254

图2-48　多模链路控制器背后标签

若IP地址正确，则会弹出对话框，可按提示输入用户名和密码，默认用户名为admin，密码为admin，如图2-49所示，然后单击"确定"按钮。登录成功后出现如图2-50所示的界面。

图2-49　进入网页

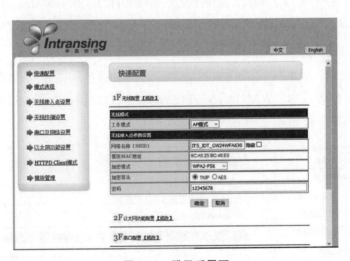

图2-50　登录后界面

3. 网络链路配置

1）配置无线参数

在主界面单击左侧菜单栏中的"快速配置"菜单项，在右侧出现的"快速配置"

页面中设置无线模式和无线接入点参数。其中工作模式设置为"AP模式"，网络名称（SSID）为"ITS_IOT_GW24WFA630"，加密模式为"WPA2-PSK"，加密算法为"TKIP"，密码为"12345678"，如图2-51所示。配置完参数后，单击"确定"按钮。

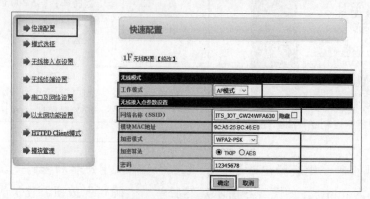

图2-51　无线参数配置

注意： 内置网页设置参数，必须单击"确定"保存，否则无效。

知识链接：AP 模式和 STA 模式

无线工作模式有 AP 模式和 STA 模式两种：

AP 模式：即无线接入点模式，它是一个无线网络的中心节点。我们使用的无线路由器就是一个 AP，其他无线终端（例如手机、扫地机器人等）都可以通过连接 AP（无线路由器）进行相互通信。

STA 模式：即无线站点模式，是一个无线网络的终端，例如笔记本电脑、iPad 等。

2）配置以太网功能

在"快速配置"页面中设置以太网功能。可以根据实际链路器接线情况开启网口1，设置网口1工作方式为"WAN口"，方便后续连接路由器，如图2-52所示。配置完参数后，单击"确定"按钮。

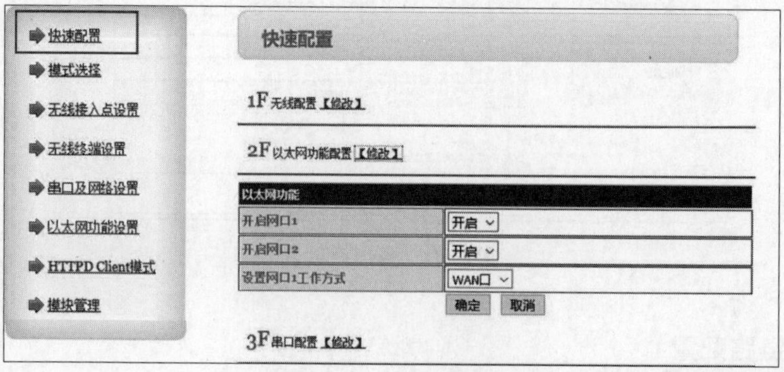

图2-52　以太网功能配置

知识链接：WAN 和 LAN

　　WAN 又称为广域网，是一种跨越地域性的计算机网络的集合，通常跨越省、市，甚至一个国家。路由器上的 WAN 端口是用来连接外网（公网）的，或者说是连接宽带运营商的设备。例如，用光纤上网时，WAN 端口用来连接光猫；用电话线上网时，WAN 端口用来连接 Modem（俗称猫）；用网线入户上网时，WAN 端口用来连接入户网线。

　　LAN 又称为局域网，是指在某一区域内由多台计算机互联而成的计算机组，一般在方圆几千米以内。局域网可以实现文件管理、应用软件共享、打印机共享、工作组内的日程安排、电子邮件和传真通信服务等功能。路由器上的 LAN 端口可以用来连接电脑，但不能连接光猫、猫或入户网线，否则会造成路由器无法上网。

　　3）配置串口参数

　　在"快速配置"页面中设置串口工作模式和串口参数。其中设置工作模式为"透明传输模式"，波特率为"9600"（根据系统数据传输需求进行选择），数据位为"8"，校验位为"None"，停止位为"1"，如图2-53所示。配置完参数后，单击"确定"按钮。

图2-53　串口参数配置

　　4）配置网络参数

　　在"快速配置"页面中配置网络参数。其中网络模式设置为"Client"，协议为"TCP"，端口为"15000"，服务器地址为"iotcomm.Intransing.net"，如图2-54所示。配置完参数后，单击"确定"按钮。

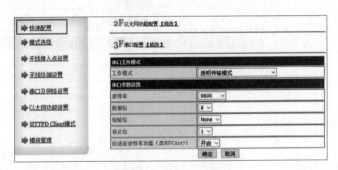

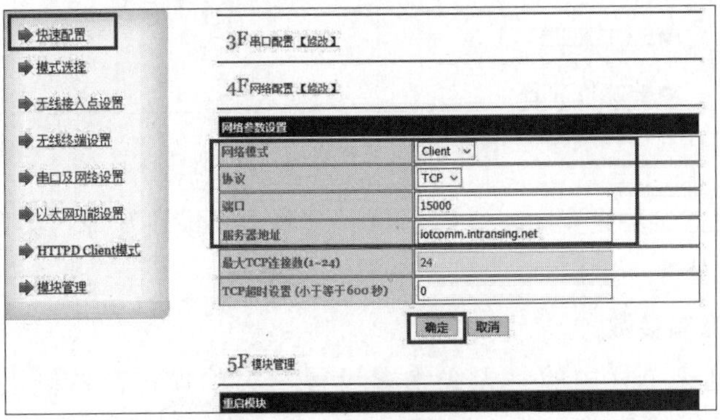

图2-54　网络参数配置

5）配置无线接入点参数

单击界面左侧菜单栏中的"无线接入点设置"菜单项，在右侧出现的"无线接入点设置"页面中配置局域网参数（LAN IP）。其中IP地址为"10.10.100.254"，DHCP类型（用于配置开启DHCP功能）为"服务器"，如图2-55所示。

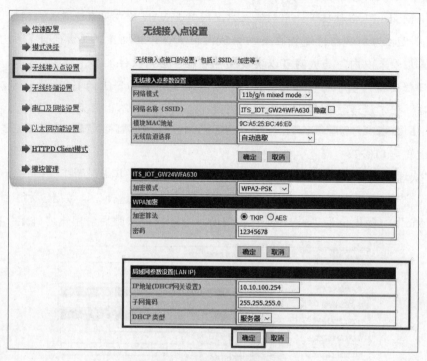

图2-55　无线接入点参数配置

设置完成后，单击"确定"按钮，界面会跳转至"设置成功"页面，如图2-56所示。

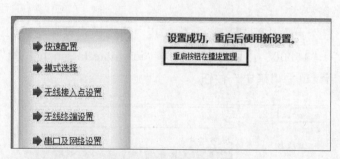

图2-56　设置成功界面

建议所有页面上参数设置完毕之后，再通过单击"模块管理"菜单中的"重启"按钮应用新设置，此处暂不重启。

6）配置无线终端参数

单击界面左侧菜单栏中的"无线终端设置"菜单项，在右侧出现的"无线终端设置"页面中配置无线终端参数，如图2-57所示。其中模块需要接入的无线网络名称

（SSID）为"ITS_IOT_GW24WFA630"，单击"确定"按钮，界面跳转至"设置成功"页面。

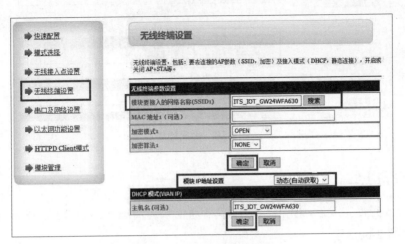

图2-57　无线终端参数设置

返回"无线终端设置"页面中配置模块IP地址。模块IP地址设置为"动态（自动获取）"，单击"确定"按钮，跳转至"设置成功"页面。

4.注册包配置

单击界面左侧菜单栏中的"串口及网络设置"菜单项，在右侧出现的"串口及网络设置"页面中配置设备注册包，如图2-58所示。其中注册包类型设置为"透传云"，设备ID（透传云）和通信密码（透传云）均需要根据云端生成的ID和密码进行设置。后两项数据的获取步骤可参考任务3.1中的登录云平台并由系统自动生成设备ID和通信密码。

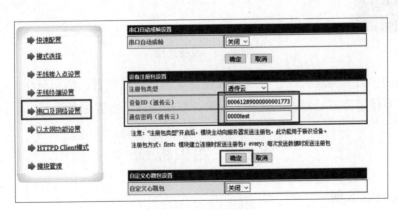

图2-58　注册包设置

5.重启设备

单击界面左侧菜单栏中的"模块管理"菜单项，在右侧出现的"模块管理"页面中单击"重启模块"选项栏的"重启"按钮来重启设备，如图2-59所示。

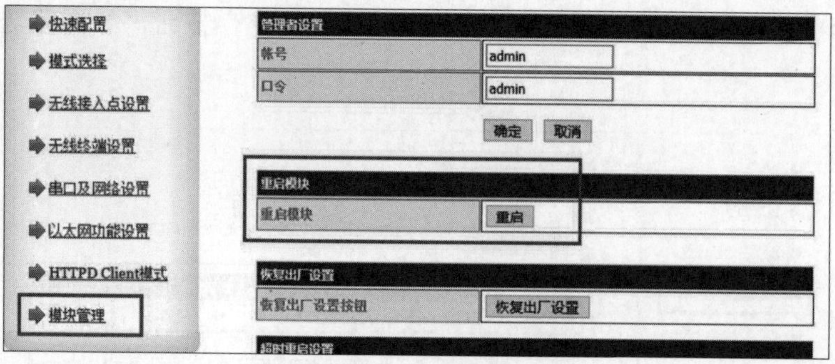

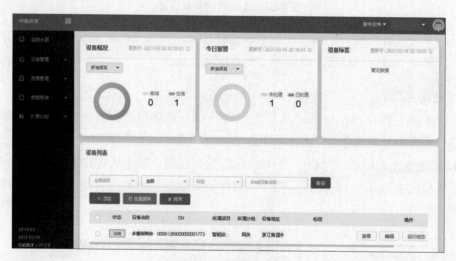

图2-59　重启模块

2.2.3.5　设备上线

网络参数配置完成后，在网络与服务器通信畅通情况下，约 30s后设备自动上线。上线状态如图2-60所示。

图2-60　设备上线

在界面的"设备列表"部分可以查看设备状态、所属项目、所属分组和设备地址，这里可以对多模链路控制器进行查看、编辑，并根据项目内容进行运行组态设置。

2.2.4　知识提炼

2.2.4.1　认识以太网

1. 以太网

以太网是一种基带局域网技术。以太网通信是一种使用同轴电缆作为网络媒体，采用载波多路访问和冲突检测机制的通信方式，数据传输速率达到1Gb/s，可满足非持续性网络数据传输的需要。

2. 以太网通信原理

以太网以固定的14字节开头，所有的站点共享一个通信信道，发送数据采用了广播形式，站点将所要发送的数据帧通过该信道进行广播，以太网上的所有其他站点都能够接收到这个帧。比如局域网上有3台计算机，分别是A、B、C，A发送数据给B，由于是群发数据，C也能收到数据，但是C收到数据后，通过比较自己的MAC地址和数据帧中包含的目的地MAC地址来判断该帧是否与自己通信，结果C发现并不是自己的数据就不做处理，而B会复制该帧做进一步处理。

以太网是以数据包（帧）传输数据的网络。数据在局域网中传输时，也就是比较每个数据包的前6字节是不是与本机的MAC相同，且不是广播地址。当然，刚才的C也可以理会这个数据，比如C是抓包工具。比如使用QQ在局域网上聊天时，其他结点很有可能看得到信息，只是聊天记录信息被加密了而已。

以太网中MAC地址采用6字节编号，容量达 $255 \times 255 \times 255 \times 255 \times 255 \times 255 = 274\ 941\ 996\ 890\ 625$ 个地址，有270多万亿个以太网卡的物理地址供全球的所有网络使用，每个MAC地址不会重复，但在实际使用中，非同一个网络下的MAC地址也允许出现重复的情况。

3. 以太网采用的通信协议

所谓通信协议是指通信双方的一种约定。这种约定包括对数据格式、同步方式、传送速度、传送步骤、纠错方式以及控制字符定义等问题做出统一规定，通信双方必须共同遵守。

以太网采用的通信协议是TCP/IP协议，该协议与开放互联模型ISO相比，采用了更加开放的方式。TCP/IP协议可以用在各种各样的信道和底层协议（如RS-232串行接口）之上。确切地说，TCP/IP协议是包括TCP协议、IP协议、UDP协议、ICMP协议和一些其他协议的协议组。

TCP/IP协议并不完全符合OSI的七层参考模型，它们的对应关系见表2-18。

表2-18　OSI网络模型与TCP/IP协议的对应关系

OSI七层网络模型	TCP/IP四层概念模型	对应网络协议
应用层（Application lager）	应用层	HTTP、TFTP、FTP、NFS、WAIS、SMTP
表示层（Presentation lager）		Telnet、Rlogin、SNMP、Gopher
会话层（Session lager）		SMTP、DNS
传输层（Transport lager）	传输层	TCP、UDP
网络层（Network lager）	网络层	IP、ICMP、ARP、RARP、AKP、UUCP
数据链路层（Data Link lager）	数据链路层	FDDI、Ethernet、Arpanet、PDN、SLIP、PPP
物理层（Physical lager）		IEEE 802.1A、IEEE 802.2～IEEE 802.11

传统的开放式系统互连参考模型，是一种通信协议的七层抽象参考模型，其中每一层执行某一特定任务，模型的目的是使各种硬件在相同的层次上相互通信。而TCP/IP通

信协议采用了四层结构，每一层都调用它的下一层所提供的网络来完成自己的需求。这四层分别是应用层、传输层、网络层、接口层。

应用层：应用程序间沟通的层，如简单电子邮件传输协议（SMTP）、文件传输协议（FTP）、网络远程访问协议（Telnet）等。

传输层：提供了节点间的数据传送服务，如传输控制协议（TCP）、用户数据包协议（UDP）等，TCP和UDP给数据包加入传输数据并把它传输到下一层中。这一层负责传送数据，并且确定数据已被送达并接收。

网络层：负责提供基本的数据包传送功能，让每一块数据包都能够到达目的主机（但不检查是否被正确接收），如网际协议（IP）。

接口层：对实际的网络媒体的管理，定义如何使用实际网络（如Ethernet、Serial Line等）来传送数据。

2.2.4.2　RS-232 通信协议

1. RS-232串口

RS-232接口中，以针式引出信号线的为公头，以孔式引出信号线的为母头，如图2-61所示。计算机端一般使用公头，而调制调解器等设备一般使用母头，用串口线即可把它们连接起来。

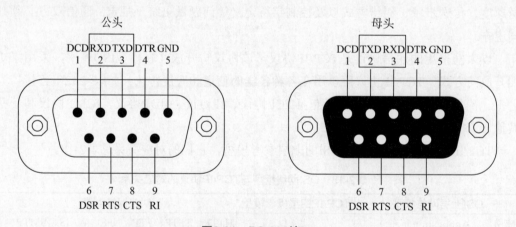

图2-61　RS-232接口

两个接口连接时，公头的接收数据针脚（RXD）与母头的发送数据针脚（TXD）相连，公头的发送数据针脚（TXD）与母头的接收数据针脚（RXD）相连，信号地针脚（GND）对应相接，其中公头的针脚说明见表2-19。

表2-19　RS-232公头针脚说明

9芯编号	信号来源	缩写	描述
1	调制解调器	DCD	载波检测
2	调制解调器	RXD	接收数据

续表

9芯编号	信号来源	缩写	描述
3	计算机	TXD	发送数据
4	计算机	DTR	数据终端准备好
5		GND	信号地
6	调制解调器	DSR	通信设备准备好
7	计算机	RTS	请求发送
8	调制解调器	CTS	允许发送
9	调制解调器	RI	响铃指示器

2. RS-232串口通信协议

串口通信是一种设备间常用的串行通信方式，我们以分层的方式来理解，最基本的分法是把它分为物理层和协议层。物理层规定通信系统中具有机械、电子功能部分的特性，确保原始数据在物理媒体的传输。协议层主要规定通信逻辑，统一收发双方的数据打包、解包标准。

1）物理层

串口通信的物理层有很多标准及变种，而RS-232标准主要规定了信号的用途、通信接口以及信号的电平标准。

两个通信设备的DB-9接口之间通过串口信号线建立起连接，串口信号线中使用RS-232标准传输数据信号，如图2-62所示。由于RS-232电平标准的信号不能直接被控制器识别，所以这些信号会经过一个"电平转换芯片"转换成控制器能识别的TTL标准的电平信号，才能实现通信。RS-232标准串口主要用于工业设备间直接通信，电平转换芯片一般有MAX3232、SP3232。

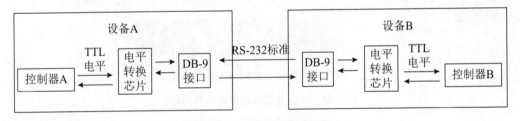

图2-62　两个通信设备通信

根据通信使用的电平标准不同，串口通信可分为TTL标准及RS-232标准，见表2-20。

表2-20　串口通信电平标准

通信标准	电平标准（发送端）
5V TTL	逻辑1: 2.4～5V 逻辑0: 0～0.5V
RS-232	逻辑1: -15～-3V 逻辑0: +3～+15V

TTL的电平标准，理想状态下，使用 5V 表示二进制逻辑 "1"，使用 0V 表示逻辑 "0"；而为了增加串口通信的远距离传输及抗干扰能力，RS-232使用-15V表示逻辑 "1"，+15V 表示逻辑 "0"。使用 RS-232与TTL电平标准表示同一个信号时的对比如图2-63所示。

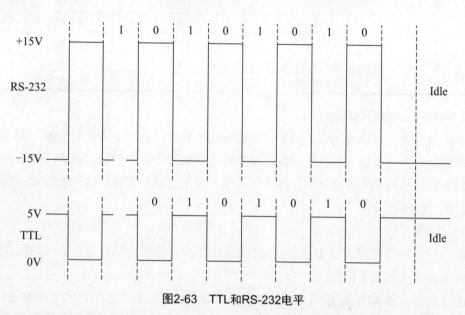

图2-63　TTL和RS-232电平

2）协议层

串口通信的数据包由发送设备通过自身的 TXD 接口传输到接收设备的 RXD 接口。在串口通信的协议层中规定了数据包的内容，它由起始位、主体数据、校验位以及停止位组成，通信双方的数据包格式要约定一致才能正常收发数据，如图2-64所示。

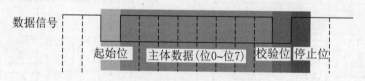

图2-64　串口通信协议层数据包内容

RS-232串口通信中的波特率、数据位、起始位和停止位、奇偶校验位等参数的含义如下。

波特率：RS-232C标准规定的数据传输速率有50b/s、75b/s、100b/s、150b/s、300b/s、600b/s、1200b/s、2400b/s、4800b/s、9600b/s、19 200b/s。

数据位：标准的值是5、7和8位，如何设置取决于传送的信息。例如，标准的ASCII码是0～127（7位）；扩展的ASCII码是0～255（8位）。

起始位和停止位：串口通信的一个数据包从起始信号开始，直到停止信号结束。数据包的起始信号由一个逻辑 0 的数据位表示，而数据包的停止信号可由0.5、1、1.5或2个逻辑1的数据位表示，只要双方约定一致即可。

奇偶校验位：在串口通信中一种简单的检错方式。对于偶和奇校验的情况，串口会设置校验位（数据位后面的一位），用一个值确保传输的数据有偶个或者奇个逻辑高位。例如，如果数据是011，那么对于偶校验，校验位为0，保证逻辑高的位数是偶数个。如果是奇校验，校验位为1，这样就有3个逻辑高位。

2.2.4.3　RS-485 通信协议

RS-485通信协议描述了接口的物理层，像协议、时序、串行或并行数据以及链路全部由设计者或更高层协议定义。RS-485通信协议定义的是使用平衡（也称作差分）多点传输线的驱动器（driver）和接收器（receiver）的电气特性。

MCU输出TTL电平。因为TTL电平是由一条信号线和一条地线产生，信号线上的干扰信号会跟随有效信号传送到接收端，使得有效信号受到干扰。RS-485通信实际上是把MCU芯片输出的TTL电平通过硬件层的一个转换器芯片进行了转换，如图2-65所示，把MCU输出的一条TTL信号经过芯片转换为两根线（线A、线B）上的信号。当MCU给转换器输入低TTL电平时，转换器会使得B的电压比A的电压高；反之，A的电压比B的电压高。

图2-65　RS-485信号转换

RS-485协议规定两条电平线上差值为多少时表示0或者1，而电压是通过仪表可以测量得到的，所以说RS-485是硬件层协议。

RS-485协议的接收端也可能是另一个MCU芯片，MCU也只接收TTL电平。由于转换芯片传输出来的是两条线的电压，所以需要将此两条线差分电压转换为TTL电平，如图2-66所示。这实质上是一个集成芯片将TTL电平转换为RS-485电平，其间无任何程序代码，只有硬件逻辑。同理，将RS-485电平转换为TTL电平的过程也是如此。可以把硬件层协议理解成是公路，公路的目的是为了让车辆能够过去。

图2-66　RS-485信号与TTL信号相互转换

RS-485的信号线只有2条，且这2条信号线在一次传输中都要用到，因此RS-485通信只可实现半双工通信。讲到半双工通信，就需要了解单工通信。单工通信是指数据只能向一个方向传输的通信方式。半双工通信则是指对于通信两端，不能同时向对方法发送数据，必须错开时间段发送。

实现半双工通信会遇到一个问题：芯片MCU_1向MCU_2发送数据时，并不知道线路上是否正传来MCU_2发送的数据，因为没有其他路线可用来判断对方的收发状态，可能会导致数据冲突。因此，要实现RS-485半双工通信，就需要上层的软件协议加以规约，也就是做到"不能你想发数据就发数据"。可以把软件层协议理解为交通规则，它能让数据有序传输。

2.2.4.4　以太网、RS-232、RS-485通信协议的区别

以太网、RS-232和RS-485通信协议都是常用的数据传输协议，但是在实际应用中还是有一些区别，尤其在传输方式、传输距离和传输单位上会有差异，具体见表2-21。用户可以根据实际需求选择合适的通信方式。

表2-21　三种通信协议的区别

通信协议	传输方式	传输距离	传输单位
以太网	采用广播机制，所有与网络连接的工作站都可看到网上传输的数据	双绞线传输，距离一般为100m； 光纤传输，距离一般为20km	允许一对多通信
RS-232	采用不平衡传输方式，即所谓单端通信	适合本地设备之间的通信，传输距离一般不超过20m	允许一对一通信
RS-485	采用平衡传输，即差分传输方式	传输距离为几十米到上千米	允许连接多达128个收发器，即具有多站能力，单个的RS-485接口就能建立起设备网络

2.2.5　任务评估

任务完成后，施工人员请根据任务完成情况进行相互检查、评价并填写评估表（表2-22）。

表2-22　任务评估表

检查内容	检查结果	满意率		
配线槽是否安装牢固，且配线槽盖板是否盖好	是□　否□	100%□	70%□	50%□
多模链路控制器安装是否牢固	是□　否□	100%□	70%□	50%□
是否正确选择螺丝、螺母、垫片	是□　否□	100%□	70%□	50%□
导线连接处是否存在露铜现象	是□　否□	100%□	70%□	50%□
多模链路控制器电源供电是否正确	是□　否□	100%□	70%□	50%□
多模链路控制器网络连接是否正常	是□　否□	100%□	70%□	50%□
多模链路控制器参数设置是否正常	是□　否□	100%□	70%□	50%□
完成任务后使用的工具是否摆放、收纳整齐	是□　否□	100%□	70%□	50%□
完成任务后工位及周边的卫生环境是否整洁	是□　否□	100%□	70%□	50%□

2.2.6 拓展练习

▶▶ 理论题:

1. 多模链路控制器支持的信号通信形式不包括（　　）。

A. RS-232
B. RS-485
C. RS-422
D. 以太网通信

2. 多模链路控制器的供电电压是（　　）。

A. DC 5～36V
B. DC 5～30V
C. DC 12V
D. AC 24V

3. TCP/IP四层概念模型不包括（　　）。

A. 应用层
B. 数据链路层
C. 传输层
D. 会话层

4. RS-232公头的RXD针脚对应母头的（　　）针脚。

A. DCD
B. RXD
C. TXD
D. DTR

5. RS-485通信协议可实现（　　）通信。

A. 单工
B. 半单工
C. 双工
D. 半双工

▶▶ 操作题:

1. 将多模链路控制器的工作模式改为"STA模式"，将其余需要上云的设备一同接入局域网中，并体验效果。

2. 设备上线后，尝试读取传感器数据。

2.3 任务3 网络跳线制作

2.3.1 任务描述

智能气象站远程监测需要网络的支持，室外站点不支持无线网络，因此需要制作网络跳线实现网络连接与数据传输。现要求物联网通信实施人员小张根据任务工单要求在现场完成网络跳线的制作、连接和调试。

任务实施之前，施工人员需认真研读任务工单和系统设计图，充分做好实施前的准备工作。

任务实施过程中，首先利用网线钳制作网络跳线；然后用网线测试仪检测网络跳线是否能正常通信；最后使用网络跳线实现设备连接。在任务实施全过程中要始终保持绿色环保意识，推行低碳发展。

任务实施之后，进一步认识和了解网络传输介质、网络设备和网络安全知识。

2.3.2 任务工单与任务准备

2.3.2.1 任务工单

制作网络跳线的任务工单如表2-23所示。

表2-23 任务工单

任务名称	网络跳线制作		
负责人姓名	张××	联系方式	135××××××××
实施日期	20××年××月××日	预计工时	1.5h
材料选型情况	超5类非屏蔽双绞线，无金属屏蔽材料，有一层绝缘胶皮包裹		
	RJ-45连接器（俗称水晶头）		

任务名称	网络跳线制作	
工具	网线钳1把	
	网络电缆测试器1个（配电池）	
	配置用笔记本电脑1台	
工作场地情况	室内、室外，水电通	
进度安排	① 8：30～9：10完成网络跳线制作； ② 9：10～09：30完成设备网络跳线连接； ③ 9：30～10：00测试网络与交付	
实施人员	以小组为单位，成员2人	
结果评估（自评）	完成□　　基本完成□　　未完成□　　未开工□	
情况说明		
客户评估	很满意□　　满意□　　不满意□　　很不满意□	
客户签字		
公司评估	优秀□　　良好□　　合格□　　不合格□	

2.3.2.2　任务准备

1. 明确任务要求

本任务将使用网线钳、网络电缆测试器等工具，根据设备距离制作适宜长度的网络跳线，并能正确连通相关设备，保证网络畅通。

2. 检查环境、设备

（1）确认工作环境安全，排除用电安全隐患；

（2）确认设备、工具、材料准备齐全。

3. 安排好人员分工和时间进度

本任务由2名网络施工人员进行网络跳线的制作并使用制作的网络跳线进行设备连接，一名网络测试员进行网络测试。

2.3.3　任务实施

2.3.3.1　解读任务工单

通过网络跳线连接智能气象站室外站点中的相关设备，实现远程监控点的网络连接与数据传输。

根据任务工单，需要准备好的工具有网线钳和网络电缆测试器。网线钳可以使用多功能复合的新型网线钳，其兼具剪线、剥线、压线功能。

根据任务工单还需要准备若干水晶头与超5类非屏蔽双绞线。

估算设备距离，截取比设备距离稍长的双绞线制作网络跳线，并测试制作的跳线。

根据网络跳线连接图，用测通的网络跳线连接相关设备。

本任务计划由2名施工人员在1.5h内完成安装，并进行设备连接、测试，运行正常后交付使用。

2.3.3.2　识读系统设计图

在本次任务中施工人员需要完成网络跳线的制作，并用网络跳线将设备连接。图2-67是本任务的网络连接系统设计图，实施人员需要根据设计图完成网络的连接与测试，确保网络跳线可以连通。

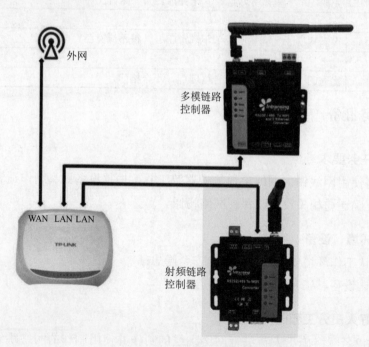

图2-67　网络连接系统设计图

将网线跳线插入路由设备的WAN端口连接外网，利用路由设备的LAN端口连接多模链路控制器与射频链路控制器。射频链路控制器只有一个网络端口，直接将网络跳线的一端插入该端口即可，但多模链路控制器有两个网络端口，需连接网络端口1，并通过网页配置页面将其设置为WAN端口。

根据网络连接系统设计图，施工人员需要制作3根网络跳线。

2.3.3.3　制作网络跳线

本节介绍通过剪线、剥线、理线、剪齐、插线、压线、测试七个步骤来完成网络跳线的制作。

步骤1：剪线。

根据设备之间的距离量取网线长度，利用网线钳的切线区（如图2-68所示）剪取适当长度的网线。

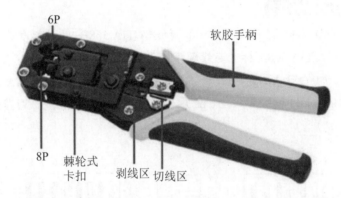

图2-68　网线钳

步骤2：剥线。

用网线钳的剥线刀口将超5类双绞线的外保护套管划开，注意不要将里面的双绞线绝缘层划破。将网线一头约4cm处放入网线钳有圆孔的剥线区内卡住，然后握紧手柄，如图2-69所示。顺时针或逆时针慢慢转动网线钳，松开手柄，将外保护套管剥离，内部的4对双绞线露出，颜色分别为橙、白橙，绿、白绿，蓝、白蓝，棕、白棕，如图2-70所示。

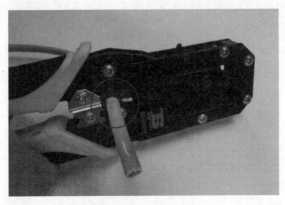

图2-69　放入剥线区

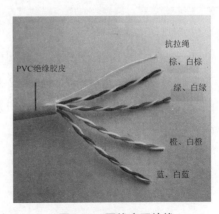

图2-70　网线内双绞线

步骤3：理线。

将网线的四个线对两两缠绕在一起的细导线拆开、捋直，按照EIA/TIA 568B标准连线顺序理顺，线序颜色依次为：白橙、橙、白绿、蓝、白蓝、绿、白棕、棕。将细导线排成一排并拉直，排列时使导线整齐平坦，导线间尽量不留空隙。用左手的大拇指和食指捏紧细导线，捏线的位置距离绝缘胶皮约1cm，如图2-71所示。

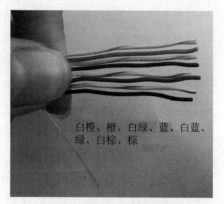

白橙、橙、白绿、蓝、白蓝、绿、白棕、棕

图2-71　细导线按线序排列

知识链接： 双绞线标准

双绞线有两种国际标准：EIA/TIA 568A 和 EIA/TIA 568B。两种标准没有本质区别，如图 2-72 所示。EIA/TIA 568A 标准连线顺序从左到右依次为 1（白绿）、2（绿）、3（白橙）、4（蓝）、5（白蓝）、6（橙）、7（白棕）、8（棕）。EIA/TIA 568B 标准连线顺序从左到右依次为 1（白橙）、2（橙）、3（白绿）、4（蓝）、5（白蓝）、6（绿）、7（白棕）、8（棕）。

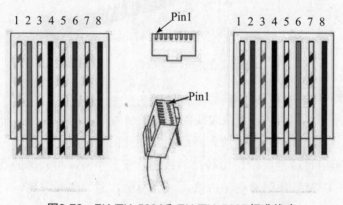

图2-72　EIA/TIA 568A和EIA/TIA 568B标准线序

步骤4：剪齐。

用网线钳的切线区剪去多余网线，线头剪平，剩余网线长度约为14mm（长度与RJ-45接头的长度相近），如图2-73所示。注意一定要剪得齐整，剥开的导线长度不能太短，可多预留一些，不要剥开导线的绝缘外层。线芯剪齐后的效果如图2-74所示。

图2-73　细导线剪齐

图2-74　剪齐后效果

步骤5：插线。

用右手拇指和食指捏住RJ-45接头，使有弹片的一侧朝外；将细导线缓缓用力插入RJ-45接头，如图2-75所示。检查每一根细导线是否已插到RJ-45接头顶端且与铜片连接，再次检查细导线的颜色，确认线序是否正确，如图2-76所示。若发现线序错误或者有导线没有被插到RJ-45接头的顶端，可以重新调整后再次将导线插入RJ-45接头。

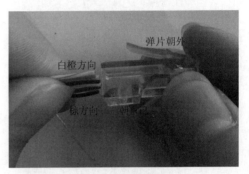

图2-75　细导线插入

查看导线放入RJ-45接头的长度是否合宜，导线的外保护层是否能被RJ-45接头内的凹陷处压实，插入过程中可适当调整直至插牢。

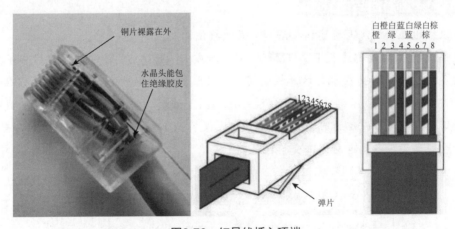

图2-76　细导线插入顶端

步骤6：压线。

确认线序正确后，将RJ-45接头从网线钳8P口无齿一侧推入，用力握紧网线钳手柄（必要时，可以使用双手），将裸露在外侧的铜片全部压入RJ-45接头内，如图2-77所示。当接头的8个针脚接触点穿过导线的绝缘外层，分别跟8根导线紧紧压接在一起，并听到轻微的"啪"声后，压接完成。

重复步骤2~6，完成另一端RJ-45接头的制作。

步骤7：测试。

制作完成的网线需用网线测试仪检测其连通性。将网络跳线两端的RJ-45接头分别插入测试仪的两个RJ-45端口，如图2-78所示。若测试仪上8个指示灯都依次闪过绿灯，则表示网络跳线制作成功；若出现任何一个灯为红灯或黄灯，则表示存在断路或接触不良现象，此时可先将两端RJ-45接头用压线钳再次压紧，然后重新测试。若红灯仍闪，则说明制作的网络跳线芯线排列顺序出错或芯线存在接触不良等情况，需要重新制作。

图2-77　压线

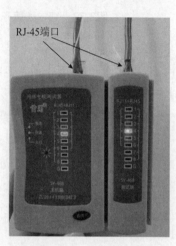

图2-78　测试网线

知识链接：　直通线与交叉线

双绞线的连接方法有直通线接法和交叉线接法两种。

直通线线缆两端都遵循 EIA/TIA 568A 标准或 EIA/TIA 568B 标准，常用作不同类型设备的连接，如交换机与计算机之间。交叉线线缆一端按 EIA/TIA 568B 标准，另一端按 EIA/TIA 568A 标准，即将线缆一端的第 1 线芯与另一端的第 3 线芯，线缆一端的第 2 线芯与另一端的第 6 线芯进行交叉，又称为 1-3、2-6 交叉，如图 2-79 所示，常用于相同类型设备的连接，如交换机之间。

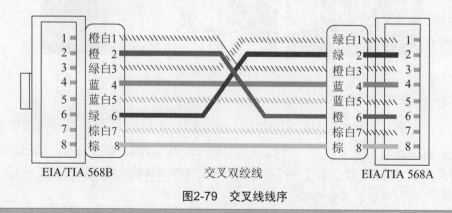

图2-79　交叉线线序

2.3.3.4　路由器与多模链路控制器和射频链路控制器的连接

通过网络跳线实现路由器与多模链路控制器和射频链路控制器连接的，具体操作步骤如下。

步骤1：路由器通电后将网络跳线的一端连接到提供外网连接的设备上，另一端接入到路由器的WAN端口，如图2-80所示。连通后路由器的指示灯亮起，如图2-81所示。

图2-80　路由器连接外网　　　　　　　　图2-81　路由器连接外网后的指示灯状态

步骤2：另取一根网络跳线，将网络跳线的一端插入路由器的LAN端口，另一端插入到多模链路控制器的WAN/LAN端口（任务2.2中已经将此端口设置为WAN端口功能）。连接正常后，路由器LAN端口对应的指示灯亮起，如图2-82所示。

同时，多模链路控制器的指示灯也亮起，如图2-83所示。

图2-82　路由器指示灯状态　　　　　　　图2-83　多模链路控制器连接网络

步骤3：再取一根网络跳线，将网络跳线的一端插入多模链路控制器的LAN端口，另一端插入计算机的网络端口，如图2-84所示。

步骤4：再取一根网络跳线，将网络跳线的一端插入路由器的LAN端口，另一端插入射频链路控制器的LAN端口。连接正常后，路由器LAN端口对应的指示灯亮起，如图2-85所示。

图2-84 连接多模链路控制器和计算机

图2-85 连接射频链路控制器

此时，路由器、多模链路控制器、射频链路控制器和计算机之间的连接全部完成。

2.3.4 知识提炼

2.3.4.1 网络传输介质

网络传输介质是指在网络中传输信息的载体，常用的传输介质分为有线传输介质和无线传输介质两大类。有线传输介质是指网络中发送方与接收方之间的物理连接部分，它对网络的数据通信具有一定的影响，常用的有线传输介质有双绞线、同轴电缆和光纤。无线传输介质指人们周围的自由空间。我们利用无线电波在自由空间的传播可以实现多种无线通信。在自由空间传输的电磁波根据频谱可分为无线电波、微波、红外线、激光等，信息被加载在电磁波上进行传输。

1.双绞线

双绞线分为屏蔽（shielded twisted pair，STP）和非屏蔽（unshielded twisted pair，UTP）两种。所谓的屏蔽就是指网线内部信号线的外面包裹着一层金属网，屏蔽层外面才是绝缘外皮，屏蔽层可以有效地隔离外界电磁信号的干扰。

UTP是目前局域网中使用频率最高的一种网线。这种网线在塑料绝缘外皮里面包裹着8根信号线，它们每两根为一对相互缠绕，总共形成四对，双绞线也因此得名。双绞线这样互相缠绕的目的是利用铜线中电流产生的电磁场互相作用抵消邻近线路的干扰并减少来自外界的干扰。每对线在每英寸长度上相互缠绕的次数决定了抗干扰的能力和通信的质量，缠绕得越紧密其通信质量越高，可以支持更高的网络数据传输速率，当然它的成本也越高。

现在常用的双绞线分为5类线、超5类线、6类线、超6类线，具体见表2-24。

表2-24　四种类别的双绞线

双绞线类别	作用	传输频率	最高传输速率
5类线	适用于100BASE-T和10BASE-T网络	100MHz	100Mb/s
超5类线	适用于千兆位以太网	100MHz	1000Mb/s
6类线	适用于传输速率高于1Gb/s的网络	1MHz～250MHz	1Gb/s
超6类线	适用于千兆位网络	200MHz～250MHz	1000Mb/s

2.同轴电缆

同轴电缆（coaxial cable）是指有两个同心导体，而导体和屏蔽层又共用同一轴心的电缆，如图2-86所示。由于它在主线外包裹绝缘材料，在绝缘材料外面又有一层网状编织的屏蔽金属网线，所以能很好地阻隔外界的电磁干扰，提高通信质量。

图2-86　同轴电缆

同轴电缆传导交流电而非直流电，也就是说每秒会有好几次电流方向逆转。如果使用一般电线传输高频率电流，这根电线就会向外发射无线电，像一根天线，这种效应损耗了信号的功率，使得接收到的信号强度减小，即使用同轴电缆就能解决这个问题。同轴电缆按照直径的不同，可分为粗缆和细缆两种，其基本特点见表2-25。

表2-25　同轴电缆的基本特点

同轴电缆类型	适用场景	网络范围	优点	缺点
粗缆	一般用于大型局域网的干线	每段500m，最长网络范围可达2500m	传输距离长，性能好，可靠性高	成本高、网络安装、维护困难
细缆	用于局域网的主干连接	每段185m，最长网络范围可达925m	安装容易，造价低，抗干扰性强	日常维护不方便，可靠性差

3.光纤

光纤（fiber optic cable）材质以玻璃或有机玻璃为主，如图2-87所示，它主要由纤维芯、包层和保护套组成。

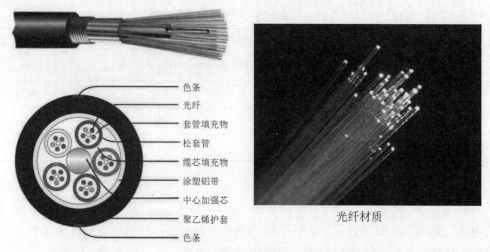

光纤材质

图2-87 光纤的组成

色条
光纤
套管填充物
松套管
缆芯填充物
涂塑铝带
中心加强芯
聚乙烯护套
色条

光纤以光脉冲的形式来传输信号，它是由一组光导纤维组成的，用来传播光束的纤细而柔韧的传输介质。光纤传输应用光学原理，由激光器发出光束，将电信号变为光信号，再把光信号导入光纤，在另一端由检测器接收光纤上传来的光信号，并把它解调变为电信号，经解码后再处理，如图2-88所示。

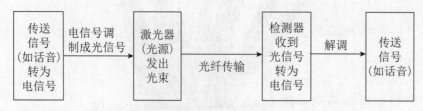

图2-88 光纤的工作过程

与其他传输介质比较，光纤的电磁绝缘性能好、信号衰减小、频带宽、传输速度快、传输距离远，主要用于要求传输距离较长、布线条件特殊的主干网连接。光纤具有不受外界电磁场的影响，高带宽可以实现每秒万兆位的数据传输；线缆细、重量轻，数据可传输几百千米等特点。

2.3.4.2　网络设备

网络设备是指连接到网络中的物理实体。网络设备种类繁多，常见的有交换机、集线器、路由器、网关等。

1. 交换机

交换机（switch）意为"开关"，是一种用于电（光）信号转发的网络设备。它可以为接入交换机的任意两个网络节点提供独享的电信号通路。最常见的交换机是以太网交换机，如图2-89所示。

图2-89 以太网交换机

以太网交换机是以太网的核心部件，计算机借助网卡通过网线连接到交换机的端口上。网卡、交换机和路由器的每个端口都具有一个MAC地址，由设备生产厂商固化在设备的EPROM中。MAC地址由IEEE负责分配，每个MAC地址都是全球唯一的。MAC地址是长度为48位的二进制码，前24位为设备生产厂商标识符，后24位为生产厂商自行分配的序列号。

交换机从端口接收计算机发送过来的数据帧，根据帧的MAC地址查找MAC地址表，然后将该数据帧从对应端口转发出去，从而实现数据交换。

交换机的工作过程可以概括为"学习、记忆、接收、查表、转发"等几个步骤：通过"学习"可以了解到每个端口所连接设备的MAC地址；再将MAC地址与端口编号的对应关系"记忆"在内存中，生成MAC地址表；从一个端口"接收"到数据帧后，从MAC地址表中"查找"与该帧的MAC地址相对应的端口编号；然后，将数据帧从查到的端口"转发"出去。

2. 集线器

集线器（hub）意为"中心"，它的主要功能是对接收到的信号进行再生、整形和放大，以增加网络的传输距离，同时把所有节点集中在以它为中心的节点上，如图2-90所示。它工作于OSI参考模型第一层，即"物理层"。

图2-90　集线器

集线器与网卡、网线等传输介质一样，属于纯硬件网络底层设备，基本上不具有类似于交换机的"智能记忆"能力和"学习"能力。它的每个端口简单地收发比特，收到1就转发1，收到0就转发0，不进行碰撞检测。它也不具备交换机所具有的MAC地址表，所以它发送数据时都是没有针对性的，而是采用广播方式发送，也就是说当它要向某节点发送数据时，不是直接把数据发送到目的节点，而是把数据包发送到与集线器相连的所有节点。

3. 路由器

路由器工作在OSI参考模型的网络层，这意味着它可以在多个网络上交换和路由数据包。可以简单地将路由器理解为网络分发工具，它与其他设备的连接如图2-91所示。

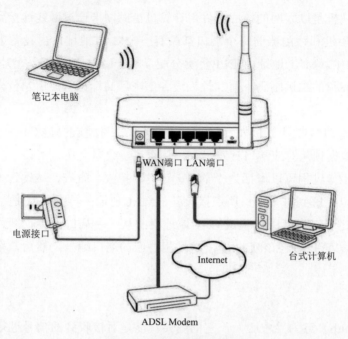

图2-91　路由器连接示意图

网络通过光纤等方式入户，在Modem（调制解调器，俗称"猫"）处完成信号转换，由Modem传输到路由器上进行无线（或有线）网络分发。路由器上最常见的端口有两种，一种是WAN端口，另一种是LAN端口，它们的连接方式如图2-92所示。

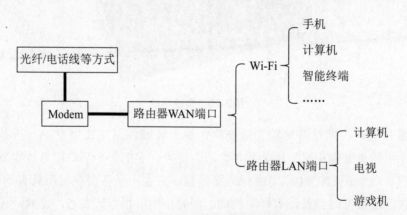

图2-92　路由器与设备的连接

路由器最重要的技术指标是传输速率。假设路由器的WAN端口和LAN端口均是百兆，理论传输速率会被限制在100Mb/s，折合下来峰值不超过12.5MB/s，其中b/s是比特每秒，指每秒传输的位数量（b代表bit），B/s的含义是字节每秒，指每秒传输的字节数量（B代表Byte）。考虑到干扰衰减等情况，实际速率会更低。

交换机、集线器和路由器三者的区别见表2-26。

表2-26　交换机、集线器和路由器的区别

项目	交换机	集线器	路由器
工作层次	数据链路层	物理层	网络层
转发依据	MAC地址		IP地址
功能	连接局域网中的计算机	连接局域网中的计算机	连接不同类型的局域网和广域网
宽带影响	独享宽带	共享宽带	共享宽带
数据传输	有目的发送	广播发送	
传输模式	全双工或半双工	全双工或半双工	

4．网关

网关（gateway）又称网间连接器、协议转换器。从一个网络向另一个网络发送信息，必须经过一道"关口"，这就相当于从一个房间走到另一个房间，必然要经过一扇门，这道关口（相当于这扇门）就是网关。

网关实质上是一个网络通向其他网络的IP地址。比如有网络A和网络B，网络A的IP地址范围为192.168.1.1～192. 168.1.254，子网掩码为255.255.255.0；网络B的IP地址范围为192.168.2.1～192.168.2.254，子网掩码为255.255.255.0。在没有路由器的情况下，即使是两个网络连接在同一台交换机（或集线器）上，两个网络之间也是不能进行通信的。而要实现这两个网络之间的通信，就必须通过网关。如果网络A中的主机发现数据包的目的主机不在本地网络中，就把数据包转发给它自己的网关，再由网关转发给网络B的网关，网络B的网关再转发给网络B的某个主机。网络A向网络B转发数据包的过程如图2-93所示。

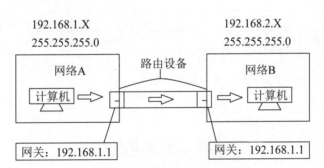

192.168.1.X　　　　　　　　　　　192.168.2.X
255.255.255.0　　　　　　　　　　255.255.255.0

图2-93　网络A与网络B通信

2.3.4.3　网络安全

网络安全（cyber security）是指网络系统的硬件、软件及其系统中的数据受到保护，不因偶然的或者恶意的原因而遭到破坏、更改或泄露，系统连续可靠正常地运行，网络服务不中断。

网络安全，通常指计算机网络的安全，实际上也可以指计算机通信网络的安全。计算机网络是指以共享资源为目的，利用通信手段把地域上相对分散的若干独立的计算机

系统、终端设备和数据设备连接起来，并在协议的控制下进行数据交换的系统。计算机网络的根本目的在于资源共享，通信网络是实现网络资源共享的途径，因此，计算机网络是安全的，相应的计算机通信网络也会是安全的，应该能为网络用户实现信息交换与资源共享。

在使用计算机进行通信时，有以下几项网络安全防范措施：

（1）安装防火墙和防病毒软件，并经常升级；

（2）注意经常给系统打补丁，堵塞软件漏洞；

（3）不要浏览一些不太了解的网站，不要执行从网上下载未经杀毒处理的软件，不要打开QQ等软件上传送过来的不明文件或链接等；

（4）安装正版系统；

（5）网络购物时，网络平台上的个人信息需要作好保护，不随意告知别人；

（6）定期备份并加密重要数据。

2.3.5　任务评估

任务完成后，施工人员请根据任务完成情况进行相互检查、评价并填写任务评估表（表2-27）。

表2-27　任务评估表

检查内容	检查结果	满意率		
网络跳线线序是否正确	是□　否□	100%□	70%□	50%□
RJ-45接头铜片是否全部压紧	是□　否□	100%□	70%□	50%□
网络跳线两端的线序是否一致	是□　否□	100%□	70%□	50%□
RJ-45接头安装后，RJ-45接头是否能包裹住外保护套管	是□　否□	100%□	70%□	50%□
网络跳线制作完毕后，用测试器测试时指示灯是否依次点亮	是□　否□	100%□	70%□	50%□

2.3.6　拓展练习

▶ 理论题：

1. EIA/TIA 568B标准双绞线线序是（　　　）。

A. 白橙、橙、白绿、绿、白蓝、蓝、白棕、棕

B. 白橙、橙、白绿、蓝、白蓝、绿、白棕、棕

C. 白绿、绿、白橙、蓝、白蓝、橙、白棕、棕

D. 白绿、蓝、白橙、绿、白蓝、橙、白棕、棕

2. 超5类网线内部有（　　　）对双绞线。

A. 3　　　　　　　　　　　　　　B. 4

C. 5　　　　　　　　　　　　　　D. 6

3. 一般用于大型局域网的干线的网线类型是（　　　）。

A. 双绞线　　　　　　　　　　　B. 光纤

C. 粗缆　　　　　　　　　　　　D. 细缆

4. 一般情况下交换机的数据传输方式为（　　　）。

A. 半双工　　　　　　　　　　　B. 单工

C. 全双工　　　　　　　　　　　D. 以上都不是

5. 路由器是一种用于网络互连的计算机设备，路由器并不具备功能是（　　　）。

A. 路由功能　　　　　　　　　　B. 多层交换

C. 支持两种以上的子网协议　　　D. 具有存储、转发、巡径功能

▶▶ 操作题：

制作一根交叉网络跳线用于交换机与交换机的级连，并测试是否连通。

2.4 任务4 路由器配置与组网

2.4.1 任务描述

智能气象站的设备搭建完毕，需要接入网络。现要求物联网通信实施人员小张根据任务工单要求在现场完成路由器的配置及组网工作。

任务实施之前，实施人员需认真研读任务工单和系统设计图，充分做好实施前的准备工作。

任务实施过程中，首先配置路由器；然后对设备进行网络测试；最后对RS-485信号进行通信测试。在任务实施全过程中要始终保持绿色环保意识，推行低碳发展。

任务实施之后，进一步认识和理解Wi-Fi技术、无线传感器及通信、无线传感器网络的特点和无线传感器网络的行业应用。

2.4.2 任务工单与任务准备

2.4.2.1 任务工单

路由器配置与组网的任务工单如表2-28所示。

表2-28 任务工单

任务名称	路由器配置与组网	
负责人姓名	张××	联系方式 135××××××××
实施日期	20××年××月××日	预计工时 1.5h
设备选型情况	TP-LINK TL-R406有线路由器1台； ITS-IOT-SW04DSA联动控制器1台； ITS-IOT-GW24WEA多模链路控制器1台； ITS-IOT-GW24WFA射频链路控制器1台； ITS-IOT-SOKMPA百叶箱型温湿度传感器1台； ITS-IOT-SOKWSA风速传感器1个； ITS-IOT-EX-RLEDRA警示灯1盏； ITS-IOT-EX-FAN09A风扇1个； USB TO 485 CABLE信号转接模块1个； 自锁式控制按钮1个	
工具与材料	一字螺丝刀1把，配线槽4m，网线10m，笔记本电脑1台（带无线功能），SSCOM串口调试助手及驱动程序1套	

任务名称	路由器配置与组网			
工作场地情况	室内，空间约60m²，水电通，已装修			
进度安排	① 8：30～9：00完成路由器的配置； ② 9：00～9：30完成组网工作； ③ 9：30～10：00测试与交付			
实施人员	以小组为单位，成员2人			
结果评估（自评）	完成□	基本完成□	未完成□	未开工□
情况说明				
客户评估	很满意□	满意□	不满意□	很不满意□
客户签字				
公司评估	优秀□	良好□	合格□	不合格□

2.4.2.2 任务准备

本次任务需要完成路由器的配置和系统组网工作，检查任务实施环境情况，准备好相关工具和足量的耗材，安排好人员分工和时间进度。

2.4.3 任务实施

2.4.3.1 解读任务工单

物联网链路器（网关）等设备，需要通过网络将数据上传到数据处理平台，从而实现智慧采集与控制等功能。本项目需要使用路由器提供的IP网络进行数据转发。为了保证系统采集到正确数据，还需要对各链路及感知层的设备进行组网配置，从而使感知层及链路层的通信畅通。

施工人员需根据任务工单准备好螺丝刀和串口调试工具等，配置好路由器，将计算机、多模链路控制器、射频链路控制器等设备组在同一个局域网中，再通过USB TO 485 CABLE信号转接模块将设备地址进行重组，测试通信正常。任务计划由2名物联网通信实施人员在1.5h内完成安装，并进行设备测试，运行正常后交付使用。

2.4.3.2 识读系统设计图

图2-94是本任务的系统设计图，实施人员需要根据设计图进行设备的连接与测试。

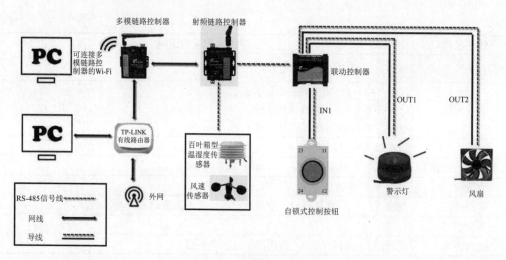

图2-94　网络系统设计图

2.4.3.3　路由器配置

本任务首先是连接路由器，然后登录并完成路由器配置。此外，再认识一些上网方式。

1. 连接路由器

连接路由器的具体操作步骤如下。

步骤1：TP-LINK路由器插上电源，用一根网线连接其WAN端口与外网，再使用一根网线连接路由器LAN端口与计算机网口。

步骤2：查看路由器背后标签信息，确认路由器IP地址，如图2-95所示。

图2-95　路由器信息

步骤3：打开浏览器，输入路由器IP地址"192.168.1.1"，页面显示设置管理员密码的文本框，如图2-96所示。

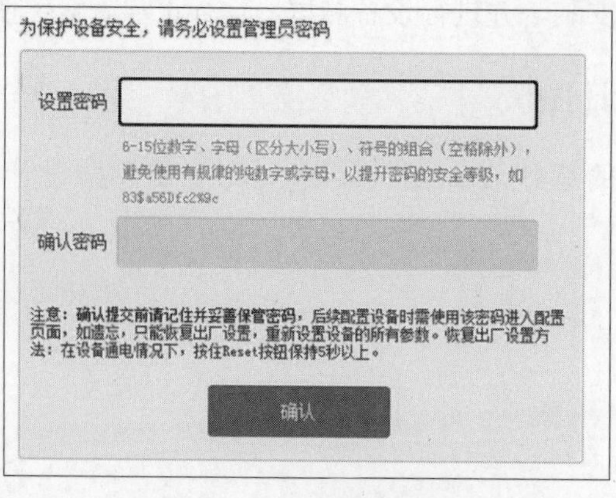

图2-96　设置管理员密码

知识链接：IP 地址

　　IP 是 internet protocol 的缩写，即网际协议。IP 地址是我们进行 TCP/IP 通信的基础，每台连接到网络上的计算机都必须有一个 IP 地址。IP 地址用二进制来表示，每个 IP 地址长 32 位，共 4 字节。虽然二进制是计算机的数据处理模式，但它不符合人们的日常使用习惯，因此 IP 地址被写成十进制的形式，中间使用符号"."分隔不同的字节，例如 192.168.0.19。IP 地址有 IPv4 和 IPv6 两种。IP 地址必须和一个网络掩码对应使用，缺一不可。每个 IP 地址都包括网络标识和主机标识两部分，子网掩码的主要作用是告诉计算机如何从 IP 地址中析取网络标识和主机标识，比如一个 IP 地址为 172.16.12.120，子网掩码为 255.255.0.0，则该地址的网络标识为 172.16，主机标识为 12.120。

　　步骤4：在"设置密码"文本框中输入6～15位有效密码，在"确认密码"文本框中再输入一次，单击"确认"按钮。

2. 配置路由器

　　步骤1：登录后，界面如图2-97所示，仔细阅读"设置向导"中的内容，此次仅设置上网所需基本网络即可，单击"下一步"按钮。

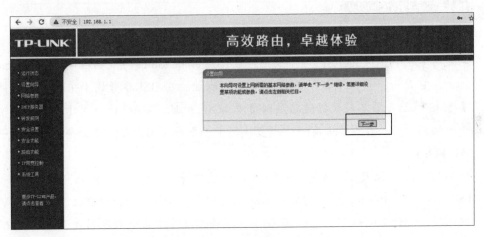

图2-97　设置向导

　　步骤2：选择上网方式。选择"让路由器自动选择上网方式（推荐）"单选按钮，单击"下一步"按钮，如图2-98所示。

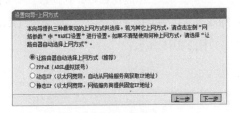

图2-98　上网方式

步骤3：等待检测网络环境，界面如图2-99所示。

步骤4：检测完成后，界面显示"版本信息""LAN口状态""WAN口状态"和"WAN口流量统计"信息，如图2-100所示。

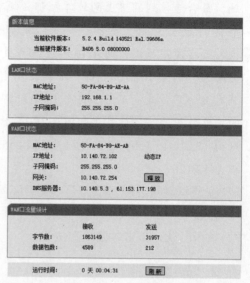

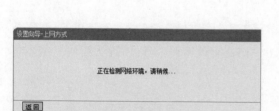

图2-99 等待检测网络环境

图2-100 路由器网络信息

知识链接：MAC 地址

　　MAC 地址的英文是 media access control address，直译为媒体存取控制地址，也称为局域网地址（LAN address）、以太网地址（Ethernet address）或物理地址（physical address），它是一个用来确认网络设备位置的地址。在 OSI 参考模型中，第三层网络层负责 IP 地址，第二层数据链路层则负责 MAC 地址。MAC 地址用于在网络中唯一标识一块网卡，一台设备若有一块或多块网卡，则每块网卡都需要并会有一个唯一的 MAC 地址。

　　MAC 地址的长度为 48 位（6 字节），通常表示为 12 个十六进制数，如"00-16-EA-AE-3C-40"就是一个 MAC 地址，其中前 3 字节，十六进制数"00-16-EA"代表网络硬件制造商的编号，它由 IEEE 分配，而后 3 字节，十六进制数"AE-3C-40"代表该制造商所制造的某个网络产品（如网卡）的系列号。只要不更改自己的 MAC 地址，MAC 地址在世界上就是唯一的。形象地说，MAC 地址就如同一个人的身份证号码，具有唯一性。

步骤5：单击界面左侧菜单栏"DHCP服务器"中的"DHCP服务"菜单项，确认DHCP服务器能正常启用，如图2-101所示。

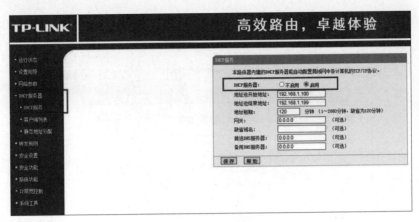

图2-101　DHCP服务器信息

知识链接：DHCP 服务

　　DHCP 是动态主机配置协议 dynamic host configuration protocol 的缩写，使用 UDP 协议工作，用于向网络中的计算机分配 IP 地址及一些 TCP/IP 配置信息。DHCP 提供安全、可靠且简单的 TCP/IP 网络设置，避免了 TCP/IP 网络中的地址的冲突，同时也大大降低了管理员管理 IP 地址的负担。

　　DHCP 客户机在第一次启动时会向网络中的 DHCP 服务器请求 IP 地址，当 DHCP 服务器收到 IP 地址请求后，它将从数据库定义的地址中选择 IP 地址并将该 IP 地址提供给 DHCP 客户机。要想在一个使用 TCP/IP 的本地网络中使用 DHCP，该网络中至少要有一台计算机作为 DHCP 服务器，而其他计算机则作为 DHCP 客户机。

　　步骤6：在"客户端列表"界面单击左侧的"客户端列表"，可看到客户端名、MAC地址和IP地址等有效信息，确认计算机已加入网络，如图2-102所示。

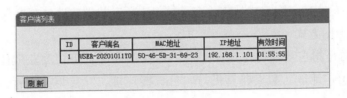

图2-102　客户端信息

　　步骤7：使用浏览器打开网页来测试计算机能否正常上网。

3. 常见的上网方式

常见的上网方式有PPPoE、静态IP、动态IP三种。

1）PPPoE上网方式

PPPoE也叫宽带拨号上网，由运营商分配宽带用户名和密码，用户通过用户名和密码进行身份认证。如果计算机与宽带直接连接，需要在计算机上进行宽带PPPoE拨号才可以上网，如图2-103所示。

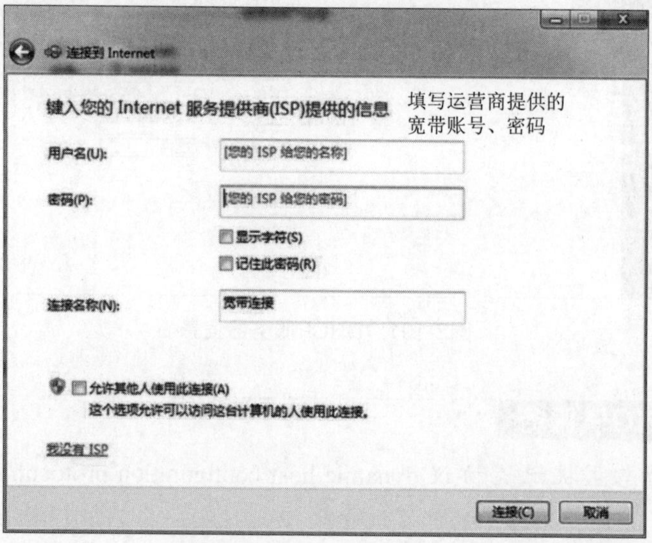

图2-103　PPPoE上网方式

使用路由器之前，建议将计算机先单独连至宽带，测试使用所分配的账号和密码可以拨号上网，以确保用户名和密码正确。

简而言之，PPPoE上网方式是使用宽带账号和密码进行拨号上网的方式。

2）静态IP上网方式

静态IP上网也叫固定IP地址上网，由运营商提供固定的IP地址、网关、DNS地址。如果计算机与宽带直接连接，需要将运营商提供的固定IP地址等参数手动输入计算机，才可以正常上网，如图2-104所示。

静态IP上网方式在家庭环境中相对较少采用，主要用于企业、校园内部网络等环境。

简而言之，静态IP上网方式是需要在计算机上手动设置IP地址等参数的上网方式。

3）动态IP上网方式

动态IP上网是指自动获得IP地址上网，计算机通过宽带自动获取IP地址、子网掩码、网关以及DNS地址。如果计算机与宽带直接连接，只需将其设置为自动获取IP即可，如图2-105所示。

动态IP上网方式无需任何参数或者账号、密码，仅需将计算机设置为自动获取IP地址和DNS服务器地址即可。常见的采用动态IP类型宽带的有校园、酒店以及企业内网等。

简而言之，动态IP上网方式是无需任何设置，可以直接访问网络的上网方式。

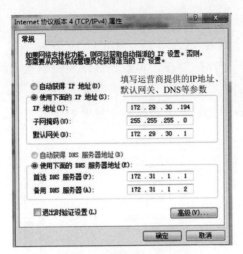

图2-104　静态IP上网方式

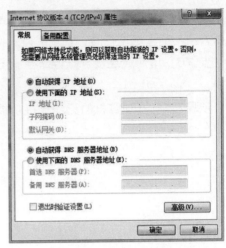

图2-105　动态IP上网方式

2.4.3.4　系统组网

1. 设备组网

本任务需要将计算机、路由器、多模链路控制器和射频链路控制器等设备通过传输介质连接在一个局域网中用来进行信息传输。

步骤1：参考任务2.3用网线连接计算机、路由器和多模链路控制器。

步骤2：参考任务2.2配置多模链路控制器，确认它的工作模式为AP模式。

步骤3：打开路由器IP网页，单击左侧菜单栏"DHCP服务器"中的"客户端列表"菜单项，可看到多模链路控制器已经加入路由器的客户端中，包括客户端名、MAC地址和IP地址等信息，如图2-106所示。如没有查询到，等待几分钟后按下"刷新"按钮刷新即可。

步骤4：打开计算机的无线连接功能，发现已能连接到多模链路控制器发射的无线信号，如图2-107所示。连接后打开网页测试网络能正常使用即可。

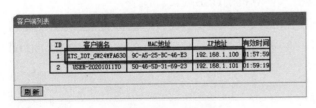

图2-106　客户端信息

图2-107　多模链路控制器的无线信号

步骤5： 参考多模链路控制器的配置方法配置射频链路控制器，注意，配置时要将"以太网功能"选项栏的"设置网口工作方式"设为"LAN口"，如图2-108所示。

步骤6： 用网线连接射频链路控制器和多模链路控制器，将射频链路控制器接入网络中。

步骤7： 打开计算机的无线连接功能，能查询到射频链路控制器发射的无线信号，如图2-109所示。

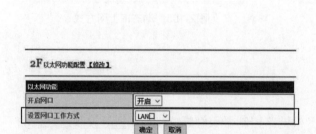

图2-108　以太网功能设置

图2-109　射频链路控制器的无线信号

2. 通信组网

本任务需要对百叶箱型温湿度传感器、风速传感器和联动控制器重新分配地址，以避免通信地址重复。三台设备的地址可以由用户自己定义，本任务按照顺序设定地址，见表2-29。

表2-29　设备地址设定

设备	地址
百叶箱型温湿度传感器	01
风速传感器	02
联动控制器	03

组网具体操作步骤如下。

步骤1： 参考1.2节将百叶箱型温湿度传感器接上电源，用RS-485信号线连接USB TO 485 CABLE信号转接模块，并将其插入计算机的USB端口。

步骤2： 运行"SSCOM串口调试助手"，选择对应端口号，选择对应波特率（传感器默认波特率为4800b/s），打开串口，并确认选项，发送地址问询码"FF 03 07 D0 00 01"，如图2-110所示。

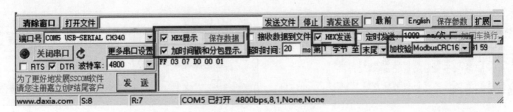

图2-110　串口调试工具

步骤3：如果收到地址应答码"09 03 02 00 09 99 83"，表示设备目前的地址为"09"，如图2-111所示。

步骤4：使用地址修改码"09 06 07 D0 00 01"将百叶箱型温湿度传感器地址改为"01"，然后再次问询地址，确认地址已修改，如图2-112所示。

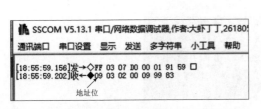

图2-111　问询百叶箱型温湿度传感器设备地址

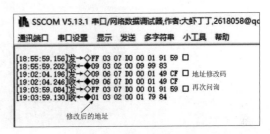

图2-112　修改百叶箱型温湿度传感器设备地址

步骤5：重复步骤1至4完成风速传感器的地址设置，将其地址修改为"02"，如图2-113所示。

步骤6：将百叶箱型温湿度传感器和风速传感器并联到射频链路器中，此时再通过SSCOM串口调试助手问询地址，会出现地址抢占现象：有时能读到两个传感器传回地址，有时只有一个传感器传回地址，如图2-114所示。

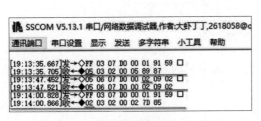

图2-113　修改风速传感器设备地址

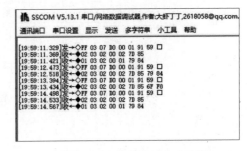

图2-114　设备地址抢占现象

步骤7：为了避免以上现象，可以将其中一个传感器的波特率进行变更，此处修改风速传感器的波特率为"9600"，如图2-115所示。

步骤8：修改完波特率后，若再次对风速传感器进行问询，需要修改串口的波特率，如图2-116所示。

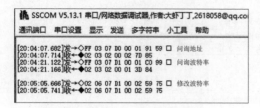

图2-115　修改风速传感器波特率

图2-116　更改串口调试助手波特率

步骤9：更改联动控制器的地址方式有所不同，可以直接通过拨码方式来设定，如图2-117所示，将其地址改为"03"。

图2-117　更改联动控制器地址

步骤10：运行"DAM调试软件"，读取并确认联动控制器的地址，如图2-118所示。设备地址 = 拨码开关地址 + 偏移地址，若读取到的偏移地址是"1"，则可将拨码开关地址设为"02"。

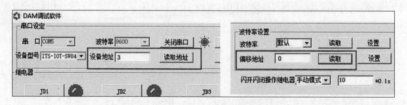

图2-118　确认联动控制器地址

以上通信地址设置完成后，可以参考项目3中的相关内容将所有设备全部连入云平台并检测。

2.4.4　知识提炼

2.4.4.1　Wi-Fi技术

1. Wi-Fi定义

Wi-Fi（wireless fidelity）俗称无线宽带，是IEEE定义的一个无线网络通信的工业标准，又称802.11b标准。IEEE 802.11b标准是在IEEE 802.11的基础上发展起来的，工作在

2.4Hz频段，最高传输率能够达到11Mb/s。该技术是一种可以将个人计算机、手持设备等终端以无线方式互相连接的一种技术，用于改善基于IEEE 802.1标准的无线网络产品之间的互通性，是3G技术的一种补充。它的最大优点是传输速率较高，在信号较弱或有干扰的情况下，带宽可调整，有效地保障了网络的稳定性和可靠性。

Wi-Fi局域网本质的特点是不再使用通信电缆将计算机与网络连接起来，而是通过无线的方式连接，从而使网络的构建和终端的移动更加灵活。

Wi-Fi标准有IEEE 802.11、IEEE 802.11a、IEEE 802.11b、IEEE 802.11g、IEEE 802.11n、IEEE 802.11ac、IEEE 802.11ax，分别对应第1、2、3、4、5、6代标准。

2. Wi-Fi网络结构

Wi-Fi网络由如下部分组成。

站点（station）：网络最基本的组成部分。

基本服务单元（basic service set，BSS）：网络最基本的服务单元。最简单的服务单元可以只由两个站点组成。站点可以动态地连接到基本服务单元中。

分配系统（distribution system，DS）：用于连接不同的基本服务单元。它使用的媒介逻辑上和基本服务单元使用的媒介是截然分开的，尽管它们物理上可能会是同一个媒介，例如同一个无线频段。

接入点（access point，AP）：既有普通站点的身份，又有把接入的设备分配到系统的功能。

扩展服务单元（extended service set，ESS）：由分配系统和基本服务单元组合而成。

关口（portal）：也是一个逻辑成分，用于将无线局域网和有线局域网或其他网络联系起来。

3. Wi-Fi使用频率

目前主流的无线Wi-Fi网络设备一般都支持13个信道，而实际一共有14个信道，如图2-119所示，但第14信道一般不用。它们的中心频率虽然不同，但是因为都占据一定的频率范围，所以会有一些相互重叠的情况。了解这13个信道所处的频段，有助于我们理解人们经常说的三个不互相重叠的信道含义。

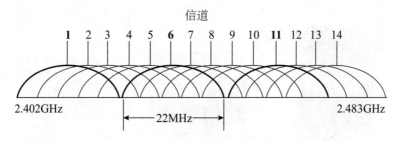

图2-119　IEEE 802.11b DSSS 信道划分

常用的2.4GHz（即2400MHz）频带的信道划分见表2-30，表中只列出了信道的中心频率。每个信道的有效宽度是20MHz，另外还有2MHz的强制隔离频带，它类似于公路上的隔离带。例如，对于中心频率为2412 MHz 的信道1，其频率范围为2401～2423MHz。

表2-30　常用的 2.4GHz（即2400MHz）频带的信道划分

信道	中心频率	信道	中心频率
1	2412MHz	8	2447MHz
2	2417MHz	9	2452MHz
3	2422MHz	10	2457MHz
4	2427MHz	11	2462MHz
5	2432MHz	12	2467MHz
6	2437MHz	13	2472MHz
7	2442MHz		

实际的电磁波谱使用规定因国家不同而有所差异，以上只是其中的一个例子。此外，20MHz的信道宽度也只是"有效带宽"，实际上一个信道在其中心频率两侧有很宽的延展，不过当超过10MHz时，其强度因变弱而失效。

从图2-119可以看到其中1、6、11这三个信道（加粗标记）之间是完全没有交叠的，也就是我们常说的三个不互相重叠的信道，每个信道20MHz带宽。

2.4.4.2　无线传感器及通信

无线传感器由信息采集和数据转换的传感器模块、控制和数据处理的处理器模块、无线通信和收发采集数据的无线通信模块、电源模块四部分组成，并整体封装在一个外壳内，外观如图2-120所示。工作时由电池或振动发电机提供电源，传感器模块从外界获取信息，通过AC/DC转换器进行交流与直流电转换，并传递信号到处理器，借助应用程序进行加工处理，处理结果由无线通信模块连接通信网络实现数据转发。与一般传感器相比较，无线传感器多了无线通信模块，支持无线网络的物理层、MAC层和网络层协议，为传感器之间组网提供物理条件。无线传感器的结构如图2-121所示。

图2-120　几种无线传感器外观

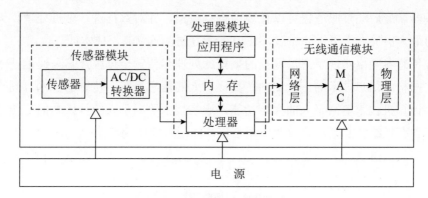

图2-121 无线传感器结构

无线传感器传输信号时借助UWB、IEEE 802.11b、IEEE 802.15.4（ZigBee）等无线通信技术。还有很多芯片双方通信的协议由用户自己定义，这些芯片一般工作在ISM免费频段。其中UWB具有发射信号功率谱密度低、系统复杂度低、对信道衰落不敏感、安全性好、数据传输率高、能提供数厘米的定位精度等优点，缺点是传输距离只有10m左右，隔墙穿透力不好；IEEE 802.11b因为功耗高而应用不多；IEEE 802.15.4是一种近距离、低复杂度、低功耗、低数据速率、低成本的双向无线通信技术，完整的协议栈只需32KB的存储空间，可以方便地嵌入各种设备中，同时支持地理定位功能。

IEEE 802.15.4、蓝牙（BlueTooth）、Wi-Fi、LoRa、NB-IoT等无线通信技术均在生活、生产中广泛使用，它们的具体区别如表2-31所示。

表2-31 IEEE 802.15.4技术与其他技术的比较

参数	IEEE 802.15.4	蓝牙	Wi-Fi	LoRa	NB-IoT
传输频率	2.4GHz 868/195MHz	2.4GHz	2.4GHz	433/868/915 MHz	4.5GHz
有效物理范围	10～75m	10m	75m	城镇可达2～5 km，郊区可达15 km	15km
最大数据传输率	2.50kb/s	1Mb/s	54Mb/s	0.3～50kb/s	—
网络节点数	65 535	7	30	约60 000	约200 000
电池寿命	长	较短	短	长	长
使用权	免费	需要资格	许可证费用	—	—
安全性	中等	高	低	中等	高
主要应用	无线传感器、医疗等	汽车、IT、多媒体、医疗、教育等	无线上网、PC、PDA	智慧农业、智能建筑等	智能泊车、智慧城市、环境检测等

2.4.4.3 无线传感器网络及特点

无线传感器网络的出现，改变了过去对数据采集、传输和监控管理的传统方式。首先，由各种无线传感器类型采集相应的数据，如温度、压力、温湿度、流量等，通过无线的方式上传到智能网关，智能网关对收到的数据进行处理后，再通过无线方式传输到监控服务器，最后通过服务器可以直观地查看数据，并对数据进行分析处理。无线传感器网络的最大优势在于不需要布线，使用灵活方便，效率高，成本低。

无线传感器网络实现了海量数据的采集、处理和传输全过程，它与通信技术、计算机技术共同构成信息技术的三大支柱。类似于人的信息系统，传感器技术等同于人的感官功能，计算机技术等同于人的大脑功能，通信技术等同于人的神经功能，传感器网络就是将三者有机结合起来，有效地协调工作，如图2-122所示。

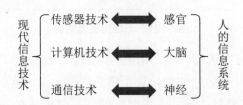

图2-122　现代信息技术与人的信息系统的对应关系

无线传感器网络不同于传统的无线基础网络。无线基础网络需要基础设施的支撑，例如使用的手机属于无线蜂窝网，需要高大的天线和大功率基站来支持，基站就是最重要的基础设施。使用无线网卡上网的无线局域网，由于采用了接入点这种特定设施，也属于有基础设施的网络。无基础设施的网络一类是移动Ad hoc（点到点）网络，另一类就是无线传感器网络。

无线传感器网络具有如下特点。

（1）组建方式自由。无线传感器网络的组建不受任何外界条件的限制，组建者无论在何时何地，都可以快速地组建起一个功能完善的无线传感器网络，组建成功之后的维护管理工作也完全在网络内部进行。

（2）网络拓扑结构的不确定性。从网络层次的方向来看，无线传感器的网络拓扑结构是变化不定的，例如构成网络拓扑结构的传感器节点可以随时增加或者减少，网络拓扑结构图可以随时被分开或者合并。

（3）控制方式不集中。虽然无线传感器网络把基站和传感器的节点集中控制了起来，但是各个传感器节点之间的控制方式还是分散式的，路由和主机的功能由网络的终端实现各个主机独立运行，互不干涉，因此无线传感器网络的强度很高，很难被破坏。

（4）安全性不高。无线传感器网络采用无线方式传递信息，因此传感器节点在传递信息的过程中很容易被外界入侵，从而导致信息的泄露和无线传感器网络的损坏，大部分无线传感器网络的节点都是暴露在外的，这大大降低了无线传感器网络的安全性。

2.4.4.4　无线传感器网络的行业应用

无线传感器网络的应用前景非常广阔，能够广泛应用于环境监测和预报、健康护理、智能家居、建筑物状态监控、复杂机械监控、城市交通、空间探索、大型车间和仓库管理，以及机场、大型工业园区的安全监测等领域。

1. 在生态环境监测和预报中的应用

随着人们对环境的日益关注，环境科学所涉及的范围越来越广泛。通过传统方式采集原始数据是一件困难的工作。无线传感器网络为野外随机性的研究数据获取提供了方便，例如，将几百万个传感器散布于森林中，能够为森林火灾地点的判定提供最快的信息；传感器网络能提供遭受化学污染的位置及测定化学污染源，不需要人工冒险进入受污染区；判定降雨情况，为防洪抗旱提供准确信息；实时监测空气污染、水污染以及土壤污染；监测海洋、大气和土壤的成分。

在天气预报方面，无线传感器网络可用于监视农作物灌溉情况、土壤空气情况、家畜和家禽的环境和迁移状况、无线土壤生态学、大面积的地表监测等，可用于行星探测、气象和地理研究、洪水监测等。基于无线传感器网络，可以通过数种传感器来监测降雨量、河水水位和土壤水分，并依此预测山洪暴发，描述生态多样性，从而进行动物栖息地生态监测。

2. 在交通管理中的应用

在交通管理中利用安装在道路两侧的无线传感网络系统，可以实时监测路面状况、积水状况，并将这些数据通过无线传感网络实时发送到相关部门，便于相关部门对道路进行检修或者发布道路积水警报及进行险情排除等工作。道路两侧的传感器节点还可以实时监测公路附近的环境状况，例如噪声、粉尘、气体等参数，并通过无线传感网络系统将这些数据实时发送出去，便于有关部门对道路情况进行监测，达到道路保护、环境保护和行人健康保护的目的。

无线传感器网络可以为智能交通系统的信息采集和传输提供一种有效手段，用来监测路面与路口各个方向上的车流量、车速等信息。它主要由信息采集输入、策略控制、输出执行、各子系统间的数据传输与通信等子系统组成。信息采集子系统主要通过传感器来采集车辆和路面信息，然后由策略控制子系统根据设定的目标，并运用计算方法计算出最佳方案，同时输出控制信号给执行子系统，引导和控制车辆的通行，从而达到预设的目标。无线传感器网络在智能交通中还可以用于交通信息发布、电子收费、车速测定、停车管理、综合信息服务平台、智能公交与轨道交通、交通诱导系统和综合信息平台等技术领域。

3. 在医疗系统和健康护理中的应用

当前很多国家都面临着人口老龄化的问题，我国老龄化速度更居全球之首。一对夫妇赡养四位老人、生育一个子女的家庭大量出现，使赡养老人的压力进一步加大。"空巢老人"在各大城市平均比例已达30%以上，个别大中城市甚至已超过50%。这对中国传统的家庭养老方式提出了严峻挑战。

近年来，无线传感器网络在医疗系统和健康护理方面已有很多应用，例如，监测人体的各项生理数据，跟踪和监控医院中医生和患者的行动，以及医院的药物管理等。如果在住院病人身上安装特殊用途的传感器，例如心率和血压监测设备，医生就可以随时了解被监护病人的病情，在发现异常情况时能够迅速抢救。利用传感器网络可高效传递必要的信息从而方便病人接受护理，并且可以减轻护理人员的负担，提高护理质量。利用传感器网络长时间收集人的生理数据，可以加快研制新药品的过程，而安装在被监测对象身上的微型传感器也不会给人的正常生活带来太多的不便。此外，在药物管理等诸多方面，它也有新颖而独特的应用。

4. 在信息家电设备中的应用

无线传感器网络的逐渐普及，促进了信息家电、网络技术的快速发展。家庭网络的主要设备已由单机向多种家电设备扩展，基于无线传感器网络的智能家居网络控制节点为家庭内、外部网络的连接及内部网络之间信息家电和设备的连接提供了一个基础平台。

在家电中嵌入传感器节点，通过无线网络与互联网连接在一起，将室内环境参数、家电设备运行状态等信息告知住户，使住户能够及时了解家居内部情况，并对家电设备进行远程监控，实现家庭内部和外界的信息传递，为人们提供更加舒适、方便和更人性化的智能家居环境。用户利用远程监控系统可实现对家电的远程遥控，也可以通过图像传感设备随时监控家庭安全情况。利用传感器网络可以建立智能幼儿园，监测儿童的早期教育环境，以及跟踪儿童的活动轨迹。

5. 在农业领域的应用

农业是无线传感器网路使用的另一个重要领域。为了研究这种可能性，英特尔率先在俄勒冈州建立了第一个无线葡糖园。传感器被分布在葡萄园的每个角落，每隔1分钟检测1次土壤温度，以确保葡萄可以健康生长，进而获得大丰收。以后，研究人员将实施一种系统，用于监视每一传感器区域的温度，或该地区有害物的数量。他们甚至计划在家畜（如狗）上使用传感器，以便可以在巡逻时收集必要信息。这些信息将有助于开展有效的灌溉和喷洒农药，进而降低成本和确保农场获得高效益。

6. 在建筑物状态监控中的应用

建筑物状态监控是指利用传感器网络来监控建筑物的安全状态。由于建筑物不断进行修补，可能会存在一些安全隐患。虽然地壳偶尔的小震动可能不会带来看得见的损坏，但是也许会在支柱上产生潜在的裂缝，这个裂缝可能会在下一次地震中导致建筑物倒塌。用传统方法检查往往需要将大楼关闭数月，而安装传感器网络的智能建筑可以告诉管理部门它们的状态信息，并自动按照优先级进行一系列自我修复工作。

7. 在特殊环境中的应用

无线传感器网络是当前信息领域中研究的热点之一，可在特殊环境实现信号的采集、处理和发送；无线温湿度传感器网络以PIC单片机为核心，利用集成湿度传感器和数字温度传感器设计出温湿度传感器网络节点的硬件电路，并通过无线收发模块与控制中心通信。无线传感器节点的功耗低，数据通信可靠，稳定性好，通信效率高，可广泛应用于环境检测。

无线传感器网络是一种全新的信息获取和处理技术，在现实生活中得到了越来越广泛的应用。目前，无线传感器网络作为一种获得和处理信息的新技术，正在被广泛的研究。随着通信技术、嵌入式技术、传感器技术的发展，传感器正逐渐向智能化、微型化、无线网络化发展。

2.4.5 任务评估

任务完成后，施工人员请根据任务完成情况进行相互检查、评价并填写任务评估表（表2-32）。

表2-32 任务评估表

检查内容	检查结果	满意率		
路由器上网方式是否正确	是□ 否□	100%□	70%□	50%□
路由器配置后是否能正常上网	是□ 否□	100%□	70%□	50%□
多模链路控制器是否能加入路由器客户端	是□ 否□	100%□	70%□	50%□
计算机是否能连入多模链路控制器Wi-Fi信号	是□ 否□	100%□	70%□	50%□
射频链路控制器是否能正常接入多模链路控制器	是□ 否□	100%□	70%□	50%□
RS-485通信的设备地址是否设置成功	是□ 否□	100%□	70%□	50%□
完成任务后使用的工具是否摆放、收纳整齐	是□ 否□	100%□	70%□	50%□
完成任务后工位及周边的卫生环境是否整洁	是□ 否□	100%□	70%□	50%□

2.4.6 拓展练习

▶▶ 理论题：

1. 以下不属于常见的路由器上网方式的是（　　）。

A. 静态IP　　　　　　　　　　B. 动态IP

C. PPPoE　　　　　　　　　　D. modem上网

2. 下面哪一个是有效的IP地址？（　　）

A. 202.280.130.45　　　　　　B. 130.192.290.45

C. 192.202.130.45　　　　　　D. 280.192.33.45

3. 下面哪一项不属于信息技术的三大支柱？（　　）

A. 无线传感器网络　　　　　　B. 物联网技术

C. 通信技术　　　　　　　　　D. 计算机技术

4. 无线传感器网络为野外随机性的研究数据获取提供了方便，这一应用属于（　　）。

A. 在医疗系统和健康护理中的应用　　　B. 在生态环境监测和预报中的应用

C. 在农业领域的应用　　　　　　　　　D. 在建筑物状态监控中的应用

5. 下面哪一项不属于无线传感器网络的特点？（　　）

A. 组建方式自由　　　　　　　　　　　B. 网络拓扑结构的不确定性

C. 控制方式不集中　　　　　　　　　　D. 安全性高

▶▶ **操作题：**

尝试使用多模链路控制器组建一个系统，可以将风向传感器、二氧化碳传感器、联动控制器接入多模链路控制器，再将风扇等执行器接入联动控制器，并进行功能测试。

2.5 项目总结

本章任务完成后，施工人员根据表2-33中的要求，对自己打分并填入表中。

表2-33 任务完成度评价表

任务	要求	权重	分值
联动控制器安装与设备端配置	能够根据任务工单和系统设计图的要求，完成联动控制器的安装、配置和测试；能够实现联动控制器与传感器、执行器的连接与通信	25	
多模链路控制器安装与配置	能够根据任务工单和系统设计图的要求，完成多模链路控制器的安装、配置和测试；能够实现多模链路控制器与联动控制器的连接与通信	25	
网络跳线制作	能够根据任务工单和系统设计图的要求，使用网线钳、网线测试仪等工具完成网络跳线的制作与测试；能够使用网络跳线实现设备的连接	20	
路由器配置与组网	能够根据任务工单和系统设计图的要求，正确配置路由器；能够实现路由器、多模链路控制器、射频链路控制器、计算机等设备间组网	20	
项目总结	呈现项目实施效果，作项目总结汇报	10	

总结与反思

项目学习情况：
心得与反思：

项目 3

智能安防云平台
配置与应用

项目概况 ▶

人们对于生活安全性的需求正在快速增长，随着物联网技术的不断发展，智能安防应用得到了全面的深化，未来将会有更多、更安全的智能安防产品伴随着人类生活。智能安防的应用领域十分广泛，如入侵警报系统、视频监控报警系统、GPS车辆报警管理系统、保安人员巡更报警系统和110报警联网传输系统等。安防系统是先进的科学管理方式，它使工作更有效率，不仅节省了人力资源，而且有助于形成较为高效、全方位的服务体系。

图3-1　智能安防

本项目介绍了基于物联网技术的智能安防应用，通过对该项目的学习，读者能够根据应用需求和智能终端设备的特性完成云平台的配置和运行维护，采集传感器所获取的数据，设计出可视化界面，实现对数据进行监测分析并进行报警管理，并且能够举一反三，针对不同的应用需求，设计出相应的设备模板。读者在学习中要树立科技兴国、科技强国的观念，为建设社会主义现代化中国添砖加瓦。

3.1 任务1 终端设备绑定与接入

3.1.1 任务描述

为了实现远程控制智能安防的相关设备，需要将这些终端设备绑定接入到云平台。现要求任务实施人员小王根据任务工单在现场登入云平台，通过在云平台完成相关的配置实现设备的入网绑定。

任务实施之前，施工人员需要认真研读任务工单和系统设计图，了解系统中所要使用的设备，充分做好实施前的准备工作。需特别注意的是：可以通过软件问询获取设备地址和波特率，也可以根据需要对地址和波特率进行修改。

任务实施过程中，根据分配的账号、密码登录云平台，在平台中建立项目分组；根据需要添加项目使用的链路器设备，在链路器设备下添加已经完成物理连接的从机，并设置从机的变量，完成终端设备的绑定与接入。

通过任务实施，进一步理解云计算的概念和三个层次的云服务，了解云计算关键技术和云计算发展历程。

3.1.2 任务工单与任务准备

3.1.2.1 任务工单

将终端设备绑定并接入云平台的任务工单如表3-1。

表3-1 任务工单

任务名称	终端设备绑定与接入		
负责人姓名	王××	联系方式	135×××××××××
实施日期	20××年××月××日	预计工时	40min
工作场地情况	室内，空间约60m²，水电通，已装修，能连接外网		
设备选型	设备	型号	备注
	多模链路控制器	ITS-IOT-GW24WEA_v1.2.0	

续表

任务名称	终端设备绑定与接入		
设备选型	设备	型号	备注
	联动控制器	ITS-IOT-SW04DSA	
	人体红外传感器	ITS-IOT-SOKIRA	
	限位开关	Z-15GW21-B	
	警示灯-R	ITS-IOT-EX-RLEDRA	

云平台层级设计	项目：智能安防云平台
	└ 分组：网关
	 └ 设备：多模链路控制器
	  ├ 从机：人体红外检测 ── 人体红外变量
	  └ 从机：联动控制器 ── 警示灯 限位开关

进度安排	工序	工作内容	时间安排
	①	检查线路连接、确认传感器地址	8min
	②	创建项目、分组	3min
	③	添加、配置设备，设备上云	4min
	④	添加从机	5min
	⑤	添加变量	10min
	⑥	测试	10min

结果评估（自评）	完成☐ 基本完成☐ 未完成☐ 未开工☐
情况说明	
客户评估	很满意☐ 满意☐ 不满意☐ 很不满意☐
客户签字	
公司评估	优秀☐ 良好☐ 合格☐ 不合格☐

3.1.2.2　任务准备

1. 明确任务要求

本次任务是通过一款支持射频通信的多用途物联网链路控制器（DTU），将物联网感知器件、控制设备、执行器件连接到指定的云平台上，从而实现物联网远程控制与管理。

2. 检查环境、设备

（1）确认工作环境安全，排除用电安全隐患；

（2）对照系统设计图检查设备是否正确安装、连接；

（3）检测网络是否畅通，设备是否在线。

3. 安排好人员分工和时间进度

本任务可以安排1名云平台调试员进行操作，预计需要40min来完成任务。其中，8min用来检查线路，确认网络畅通，22min用来完成云平台测试，10min用来完成测试后的调整。

注意：为确保各个传感器采集的数据能够顺利上云，调试员需要确认从机地址。调试员可以使用串口调试工具问询地址，然后按表3-2所示修改从机地址。

表3-2　从机信息表

从机	从机地址	变量名称	寄存器地址
人体红外检测	06	人体红外变量	40004
联动控制器	254	警示灯	00001
		限位开关	10001

3.1.3　任务实施

3.1.3.1　登录云平台

打开浏览器，在地址栏输入"iot.intransing.net"，进入云平台页面。打开云平台的速度根据网速的不同会稍有差异，若出现如图3-2所示的加载图，可以尝试按下键盘上的F5键刷新网页。

图3-2　页面加载中状态

　　成功加载后的云平台登录界面如图3-3所示。用户可以向项目管理员索取分配的账号和密码，根据提示分别填入相应的文本框中。确认账号和密码正确的情况下，单击"立即登录"按钮，进入云平台的主界面。

图3-3　云平台登录界面

3.1.3.2　设备管理

1. 创建项目

　　在云平台主界面左侧菜单栏中的"设备管理"菜单项中单击弹出的列表框中的"项目分组"选项，如图3-4所示。

　　在主界面右侧窗体出现"项目分组"界面（见图3-5），单击"创建项目"按钮，在"项目名称"后的文本框中输入项目名称"智能安防云平台"，单击"确认"按钮完成项目添加。

图3-4　项目分组

图3-5　创建项目

创建项目时，"项目名称"是必填项，可以包含英文、汉字、数字、下画线、小括号，1个汉字占2个字符，名称长度须在1到30个字符之间且不能包含特殊字符。

2．添加分组

在创建项目时，系统默认生成"我的分组"，该分组不可删除但可以进行编辑。选中"智能安防云平台"项目，单击分组列表上方的"添加分组"按钮，如图3-6所示。

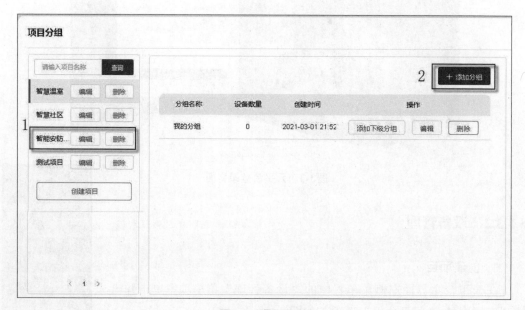

图3-6　添加分组

分组名称中输入"网关"，上级分组选择"默认分组"，排序中输入"1"，单击"保存"按钮，如图3-7所示。

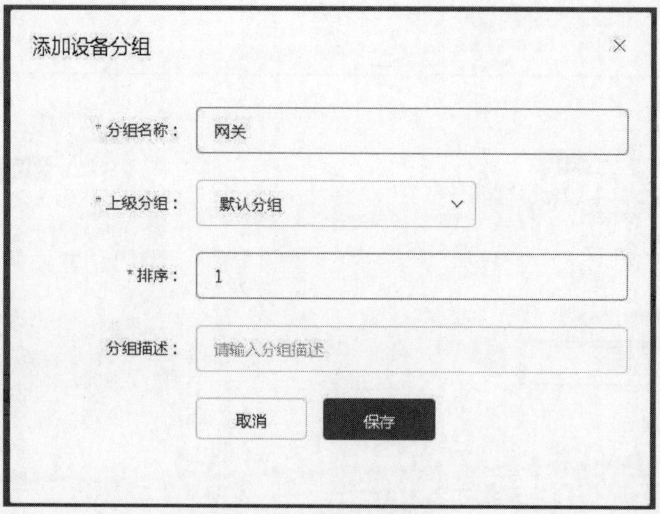

图3-7　添加设备分组

知识链接：理解云平台中的项目与分组

项目：所有资源的集合，包括为项目添加的设备、模板、报警、定时任务、报警联系人等。注意，所有资源不能跨项目转移。若用户角色为小组管理员或小组成员则不具有删除项目的权限。当用户为公司管理员或组织管理员时仍不能删除项目，原因可能是项目已关联项目成员，需要先取消项目与项目成员的关联关系后方可删除项目。

分组：分组适用于设备繁多的项目，可以有条理地对设备进行管理，在实际应用场景中十分有意义。云组态支持建立分组。用户可以进行创建分组、添加下级分组、编辑分组及删除分组等操作。

3. 添加设备

步骤1： 添加基本信息。

在云平台左侧菜单栏中的"设备管理"菜单项中，单击"添加设备"选项，输入设备名称"多模链路器"。单击"项目分组"下拉列表框右侧的小三角形按钮，选择"智能安防云平台/网关"，单击"SN"文本框右侧文字"SN不支持，点这里"，如图3-8所示。

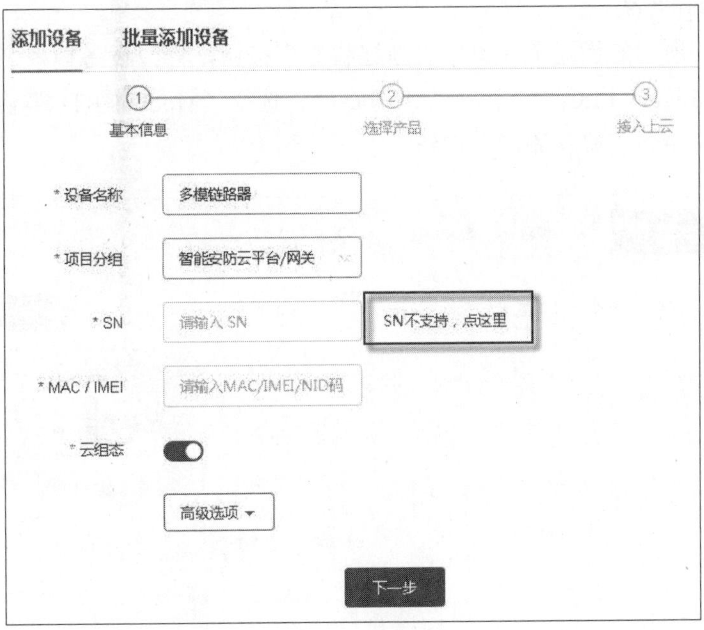

图3-8　添加SN

设备ID为"系统自动生成"。通讯密码为"账号默认通讯密码"，打开"云组态"，单击"下一步"按钮，如图3-9所示。

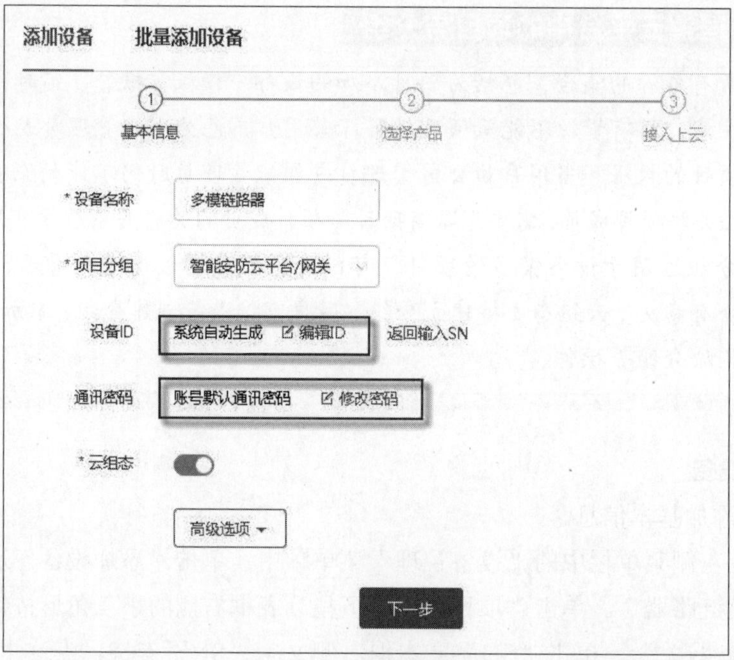

图3-9　添加设备基本信息

步骤2： 选择产品。

在如图3-10所示的界面中，单击"新建模板"按钮，修改设备模板名称为"门禁管理"，单击"Modbus/PLC"，单击"Modbus"，选择"Modbus RTU"协议，采集方式选择"云端"，单击"确认添加"按钮。

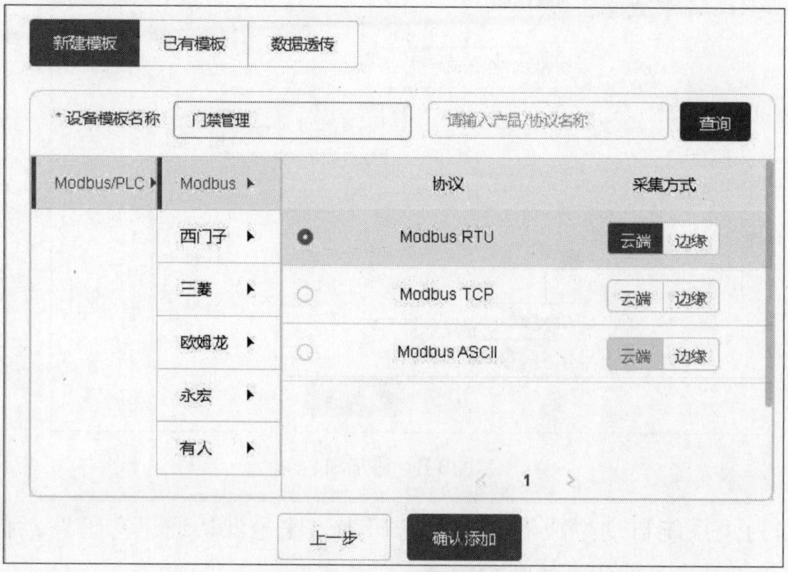

图3-10　新建模板

知识链接：数据监控方案——边缘计算与云端轮询

　　边缘计算：平台将采集规则、上报规则下发到服务器，服务器主动高速轮询终端设备。当数据符合上报条件时，服务器才会将数据上报至云端。边缘计算更"贴近"设备，可以用最少的数据流量，达到秒级的响应速度。

　　云端轮询：由云平台主动下发轮询指令，本地服务器只做透传，可实现分钟级采集。透传，即透明传输（pass-through），指的是在通信中不管传输的业务内容为何，只负责将传输的内容由源地址传输到目的地址，而不对业务数据内容做任何改变。

　　步骤3：接入上云。

　　记下设备SN与通讯密码，单击"完成"按钮，如图3-11所示。

图3-11　添加设备完成

　　设备SN与通讯密码是透传云的设备ID和通讯密码，用户在多模链路控制器的配置中需要使用。若忘记设备SN和通讯密码，可以单击"设备管理"菜单项，单击"设备列表"选项，从中选择"多模链路控制器"，单击"编辑"按钮，在"修改设备"界面查看设备ID，单击"通讯密码"文本框右侧的"眼睛"形按钮可以显示通讯密码。用户也可以再次修改通讯密码。

　　多模链路控制器的网关设置参考2.2任务2，配置完成后多模链路控制器即可上线，如图3-12所示。

图3-12　设备上线

4．配置从机

单击"设备管理"菜单项，在弹出的列表框中单击"设备模板"选项，在其中选择"网关"模板，单击该模板的"编辑"按钮，如图3-13所示。

图3-13　设备列表

在编辑设备模板界面单击"添加从机"按钮，如图3-14所示。

进入"添加从机"对话框，在"协议和产品"下拉列表中选择"Modbus/ModbusRTU/云端轮询"，输入从机名称"人体红外检测"，串口序号设为"1"，从机地址设为"6"，单击"确认"按钮，如图3-15所示。

图3-14　添加从机

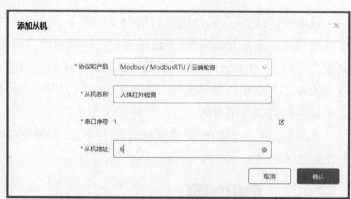

图3-15　添加从机"人体红外检测"

继续添加从机。单击"添加从机"按钮进入"添加从机"对话窗口，在"协议和产品"下拉列表中选择"Modbus/ ModbusRTU/云端轮询"，输入从机名称"联动控制器"，串口序号设为"1"，从机地址设为"254"，单击"确认"按钮，如图3-16所示。

图3-16　添加从机"联动控制器"

协议和产品：可以使用默认设置。

从机名称：用户可以根据需要进行设置，如以控制器或传感器的名字进行命名。命名规则与项目名称规则一样，即可以包含英文、汉字、数字、下画线、小括号，一个汉字占2个字符，名称的长度须在1到30个字符之间且不能包含特殊字符。

串口序号：如果设备只有1个串口，串口序号请选择"1"；如果设备是双串口，所用串口的标识为COM1时串口序号请选择"1"，串口标识为COM2时串口序号请选择"2"。

从机地址：输入通过串口调试工具查询到的地址。

知识链接：从机地址查改方法

从机是与通信设备连接的终端，例如多模链路控制器下面连接了一个人体红外传感器，则该传感器为从机。从机的地址若不能正确设置，将使从机无法顺利上云。下面介绍传感器的地址修改方法：

①运行串口调试工具，选择对应的串口号，选择"HEX显示""HEX发送""加时间戳和分包显示"复选框，设置波特率，一般为"4800"或"9600"，选择加校验"ModbusCRC16"。

②单击"打开串口"按钮，在文本框中输入"FF 03 07 D0 00 01"，单击"发送"按钮。若收到形如"收←◆ 04 03 02 00 04 75 87"的反馈，表示查询成功，◆后的两位数字就是该传感器的地址。

③若需要修改传感器地址，可以在文本框中输入"04 06 07 D0 00 02"，意为用"02"替代原先的"04"作为地址，单击"发送"按钮，若收到形如"收←◆ 04 06 07 D0 00 02 08 D3"的反馈，表示修改成功。

5. 添加变量

1）添加"人体红外变量"

在编辑设备模板界面的从机列表中选择"人体红外检测"，单击"添加变量"按钮，如图3-17所示。

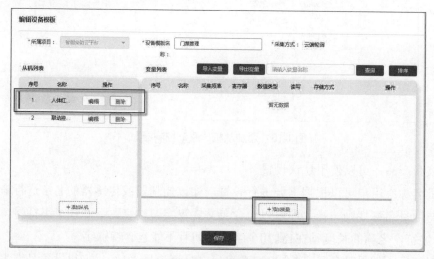

图3-17　添加变量

修改变量名称为"人体红外变量"，单击寄存器下拉列表框的下拉按钮，在列表中单击选项"4（Holding Registers）"，修改寄存器的类型为"4"，如图3-18所示。

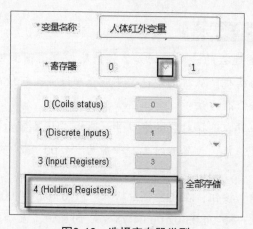

图3-18　选择寄存器类型

寄存器地址共有5位，第1位是寄存器类型，已经设置为"4"，后面4位是寄存器地址的编码，在寄存器类型后的文本框中输入"4"，软件会自动以"0"补位，编码为"0004"，即寄存器地址为"40004"，修改数据格式为"16位 无符号"，修改采集频率为"1分钟"，修改存储方式为"变化存储"，修改读写方式为"读写"，单击"确认"按钮，如图3-19所示。

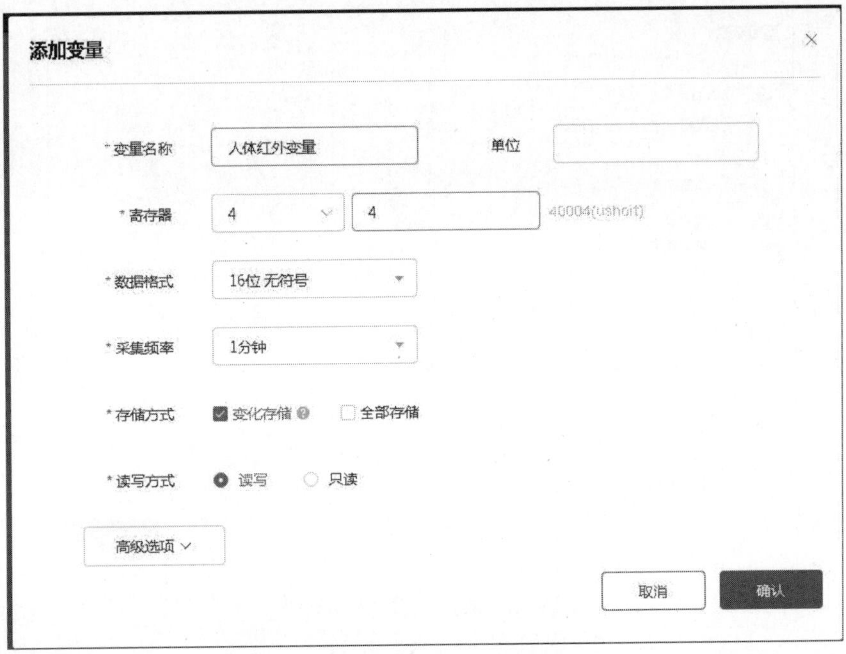

图3-19　添加变量"人体红外变量"

知识链接：Modbus 寄存器类型

寄存器类型是对可访问数据的一种抽象表达，Modbus 协议的寄存器类型定义了四种可访问的数据，如表 3-3 所示。

表3-3　Modbus寄存器类型

寄存器类型	中文名称	类型	寄存器地址	简称	读写状态	应用范例
0（Coils Status）	线圈状态	数字输出	00001～09999	0X	读写	电磁阀
1（Discrete Inputs）	离散输入	数字输入	10001～19999	1X	读	接近开关
3（Input Registers）	输入寄存器	模拟输入	30001～39999	3X	读	人体红外检测
4（Holding Registers）	保持寄存器	模拟输出	40001～49999	4X	读写	数据

2）添加"警示灯"变量

选中"联动控制器"从机，单击"添加变量"按钮。

输入变量名称"警示灯"，修改寄存器的类型为类型0，寄存器类型后的文本框输入1，修改数据格式为"位"，修改采集频率为"1分钟"，修改存储方式为"变化存储"，修改读写方式为"读写"，单击"确认"按钮，如图3-20所示。

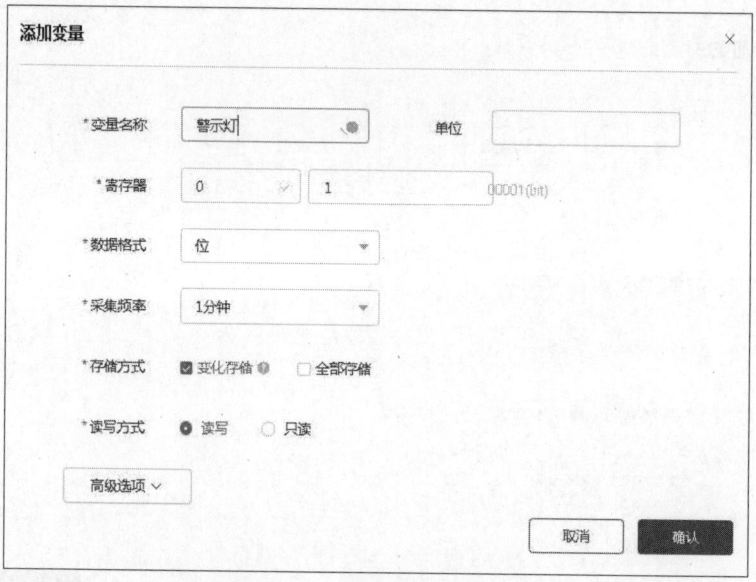

图3-20　添加变量"警示灯"

3）添加"限位开关"变量

选中"联动控制器"从机，单击"添加变量"按钮。

输入变量名称"限位开关"，修改寄存器的类型为"1"，寄存器地址为"1"，修改数据格式为"位"，修改采集频率为"1分钟"，修改存储方式为"全部存储"，修改读写方式为"只读"，单击"确认"按钮，如图3-21所示。

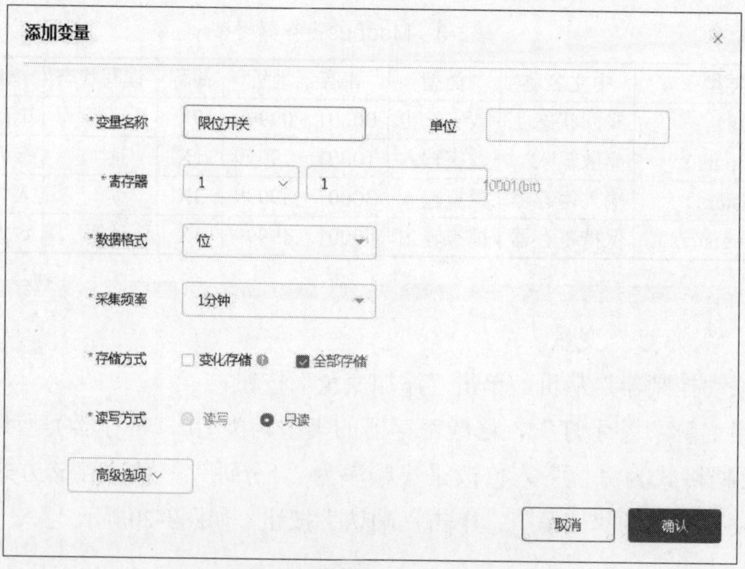

图3-21　添加变量"限位开关"

用户可以根据需要再增加变量，设置完毕后单击"保存"按钮即可，如图3-22所示。该配置内容不能实时保存，若设置完毕后，不单击保存，会提示"您修改的内容还未保存，确定离开吗"，这时，如果单击"确认"按钮将不会保存修改的参数；如果要保存修改的参数可以单击"取消"按钮后，再单击"保存"按钮。

图3-22　保存设备模板

3.1.3.3　获取数据

在云平台主界面左侧菜单栏中单击"设备管理"菜单项，在弹出的列表框中单击"设备列表"选项，在右侧的"设备列表"区域找到设备，单击设备名称进入"设备概况"界面，如图3-23所示。

图3-23　设备概况

单击变量概况列表中相应变量的"更多"按钮，在弹出的列表中单击"主动采集"，提示"您将要主动采集数据点，是否继续"，单击"确认"按钮，可以采集实时数据。

此外，用户还可以单击"历史查询"按钮，查看历史数据。用户可以设置需要查询的时间段，如图3-24所示。

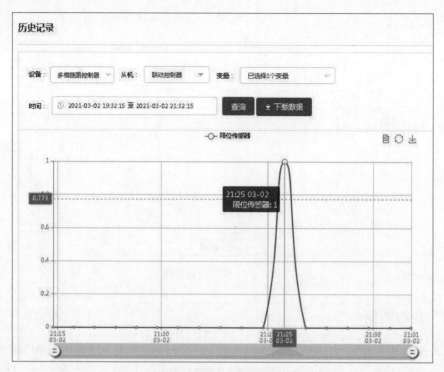

图3-24　历史数据

3.1.4　知识提炼

3.1.4.1　什么是云计算

"云"实质上就是一个网络，云计算（cloud computing）是一种新兴的计算模型，是在网格计算的基础上发展而来的，它是指用户通过网络以按需、易扩展的方式来获得所需的信息服务，是以数据为中心的一种数据密集型的超级计算。

云计算通过网络"云"（多部远程服务器组成的系统），将巨大的计算任务分解成无数个小任务，分配到远程的计算机上进行计算，再将计算的结果合并，因此可以在很短的时间内（几秒钟）完成对数以万计的数据的处理，从而实现强大的网络服务。

3.1.4.2　云计算服务

云计算讨论的服务包括基础设施即服务（IaaS）、平台即服务（PaaS）和软件即服务（SaaS）三个层次的服务，如表3-4所示。

表3-4　云计算服务

英文名称及缩写	名称	简介
IaaS（Infrastructure as a Service）	基础设施即服务	消费者通过Internet可以从完善的计算机基础设施获得服务
PaaS（Platform as a Service）	平台即服务	提供运算平台与解决方案服务，使得软件开发人员可以在不购买服务器等设备环境的情况下开发新的应用程序
SaaS（Software as a Service）	软件即服务	通过Internet提供软件的模式，提供商向用户租借基于Web的软件来管理企业经营活动

　　这三个层次组成了云计算技术层面的整体架构，如图3-25所示。云计算的体系架构大多是用来保证服务质量与信息安全的，具有可用性强、成本低的显著特点，这也是现阶段云计算技术的主要研究方向。

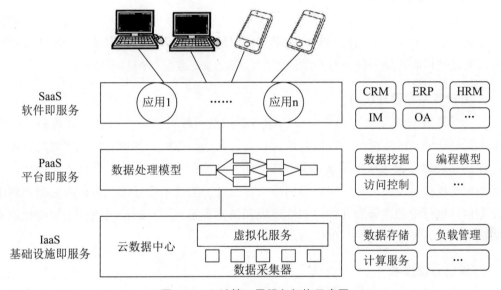

图3-25　云计算三层服务架构示意图

3.1.4.3　云计算关键技术

　　云计算融合了数据存储、数据管理、编程模式、并发控制、系统管理等多项关键技术。

1. 海量分布式存储技术

　　为保证高可用、高可靠和经济性，云计算采用分布式存储的方式来存储数据，以冗余存储的方式来保证存储数据的可靠性，从而提供廉价可靠的系统。为了满足大量用户的需求，数据存储技术必须具有高吞吐率和高传输率的特点。

2．数据管理技术

云计算系统对大数据集进行处理、分析，向用户提供高效的服务。因此，数据管理技术必须能够高效地管理大数据集。此外，如何在规模巨大的数据中找到特定的数据，也是云计算数据管理技术必须解决的问题。云系统的数据管理往往采用列存储的数据管理模式，来保证海量数据的存储和分析性能。

3．并行编程模式

为了高效地利用云计算的资源，使用户能更轻松地享受云计算带来的服务，云计算必须保证后台复杂的并行执行和任务调度向用户和编程人员透明。云计算采用MapReduce编程模式，将任务自动分成多个子任务，通过Map和Reduce两部分实现任务在大规模计算节点中的调度与分配。

4．分布式资源管理技术

在多节点并发执行环境中，分布式资源管理系统是保证系统状态正确性的关键技术。系统状态需要在多节点间同步，关键节点出现故障时需要迁移服务，分布式资源管理技术通过锁机制协调多任务对资源的使用，从而保证数据操作的一致性。

5．云计算平台管理技术

云计算资源规模庞大，一个系统的服务器数量可能会多达十万台，并跨越几个坐落于不同物理地点的数据中心，同时还运行成百上千种应用。如何有效地管理这些服务器，保证这些服务器组成的系统能提供7×24小时不间断的服务是一个巨大的挑战。云计算系统管理技术是云计算的"神经网络"，通过这些技术能够使大量的服务器协同工作，方便地进行业务部署和开通，快速发现和恢复系统故障，通过自动化、智能化的手段实现大规模系统的可运营、可管理。

6．绿色节能技术

云计算以低成本、高效率著称，但承载超大虚拟机密度的服务器，特别是强大的刀片服务器，虽然更有效地实现了服务器整合，但与前一代服务器相比，却会多消耗四倍乃至五倍的能量。并且，很多疏于管理的数据中心并没有采取行之有效的办法来解决这个问题，以至于需要重新设计电力和冷却系统，付出更大的成本。因此绿色节能技术将成为云计算必不可少的技术，未来越来越多的绿色节能技术会被引入云计算中，如建设智能数据中心来监控电力消耗。

3.1.4.4　云计算发展历程

自从1956年业内正式提出虚拟化的概念以来，云计算技术经历了飞速的发展过程，见表3-5。

表3-5　云计算发展历程

时间	事件
1956年	Christopher Strachey发表论文，正式提出了虚拟化的概念
1962年	J.C.R.Licklider提出"星际计算机网络"设想
20世纪90年代	计算机网络公司爆发式增长，是网络出现泡沫的时代
1999年	Marc Andreessen创建LoudCloud，是第一个商业化的IaaS平台
2000年	SaaS兴起
2004年	Web 2.0概念起源于O'Reilly出版公司和Media Live公司会议上的头脑风暴，此后的一年半时间里Web 2.0概念广泛传播，也称为"新互联网"，标志着互联网进入了一个新阶段
2005年	亚马逊发布Amazon Web Services（AWS）云计算平台
2006年8月9日	Google在搜索引擎大会（SES San Jose 2006）首次提出"云计算"（Cloud Computing）的概念
2007年	Google与IBM在大学开设云计算课程；"云计算"成为大型企业、互联网建设着力研究的重要方向。因为云计算的提出，互联网技术和IT服务出现了新的模式，引发了一场变革
2007年3月	戴尔成立数据中心解决方案部门，先后为Windows Azure、Facebook和Ask.com提供云基础架构
2007年7月	亚马逊公司推出简单队列服务SQS，使托管主机可以存储计算机之间发送的消息
2008年	微软发布其公共云计算平台（Windows Azure Platform），国内许多大型网络公司纷纷加入云计算的阵列
2009年1月	阿里软件在江苏南京建立首个"电子商务云计算中心"
2009年11月	中国移动云计算平台"大云"计划启动
2010年1月	HP和微软联合提供完整的云计算解决方案；微软正式发布Microsoft Azure云平台服务
2014年7月	阿里云平台对外提供服务，完全替换开源体系
2015年	微软收购了Revolution Analytics，并借此将极具人气的R语言引入Azure数据平台
2019年8月17日	北京互联网法院发布《互联网技术司法应用白皮书》；北京互联网法院互联网技术司法应用中心成立

3.1.5　任务评估

任务完成后，施工人员请根据任务完成情况进行相互检查、评价并填写任务评估表（表3-6）

表3-6　任务评估表

检查内容	检查结果	满意率		
正确建立项目分组	是□　否□	100%□	70%□	50%□
正确添加设备	是□　否□	100%□	70%□	50%□
正确添加从机	是□　否□	100%□	70%□	50%□
从机地址正确	是□　否□	100%□	70%□	50%□
正确设置变量	是□　否□	100%□	70%□	50%□

检查内容	检查结果	满意率		
可以采集到变量数据	是□ 否□	100%□	70%□	50%□
完成任务后使用的工具是否摆放、收纳整齐	是□ 否□	100%□	70%□	50%□
完成任务后工位及周边的卫生环境是否整洁	是□ 否□	100%□	70%□	50%□

3.1.6 拓展练习

▶▶ **理论题：**

1. 以下不可作为设备名称的是（　　　）。

A. 1温湿度　　　　　　　　　　　B. redlight（2）

C. 多模链路器#3　　　　　　　　D. In联动_4

2. 寄存器类型0（Coils Status）可用于存储什么类型的数据（　　　）。

A. 数字输入型　　　　　　　　　B. 数字输出型

C. 模拟输入型　　　　　　　　　D. 模拟输出型

3. 云计算的服务包括IaaS、PaaS和SaaS三个层次的服务，PaaS是（　　　）。

A. 基础设施即服务　　　　　　　B. 平台即服务

C. 软件即服务　　　　　　　　　D. 终端即服务

4. 以下属于云计算关键技术的是（　　　）。【多选题】

A. 虚拟化技术　　　　　　　　　B. 数据存储技术

C. 云安全　　　　　　　　　　　D. 数据管理技术

5. 在比较物联网平台时，应注意以下哪些方面？（　　　）【多选题】

A. 安全性　　　　　　　　　　　B. 可扩展性

C. 数据管理能力　　　　　　　　D. 有线通信网

▶▶ **操作题：**

在联动控制器上连接激光对射开关与照明灯，并在云平台的联动控制器从机中添加激光传感器变量与照明灯变量，将激光对射开关与照明灯绑定接入云平台，使云平台能获取激光对射开关的数据，并且能在云平台上控制照明灯。

3.2 任务2 云平台可视化组态

3.2.1 任务描述

在云平台上绑定了许多设备并从设备中采集到了数据，为了使数据和控制过程更直观地呈现，现要求云平台调试人员小王根据任务工单在云平台上设计组态。

任务实施之前，需要认真研读任务工单，了解系统应用的场景，识读系统设计图，了解系统中使用的设备、从机及其变量，充分做好实施前的准备工作。

任务实施过程中，根据分配的账号和密码登录云平台，根据任务工单中的设计图建立云平台可视化组态，一站式完成终端设备数据采集、实时控制、报警推送、分组管理、组态设计等功能。

任务实施之后，根据获得的数据进行分析，结合实际应用场景设计改进管理措施。

进一步认识组态软件与云组态，了解常见的国内外物联网平台，理解云组态和MQTT协议的特点。

3.2.2 任务工单与任务准备

3.2.2.1 任务工单

在云平台上设计组态的任务工单如表3-7所示。

表3-7 任务工单

任务名称	云平台可视化组态		
负责人姓名	吴××	联系方式	155××××××××
实施日期	20××年××月××日	预计工时	90min
工作场地情况	室内，空间约60m²，水电通，已装修，计算机能连接外网		
页面规划	本组态共需设计3个页面： 页面1——主界面，在此界面中呈现整个系统的设计，其中可以直观地看到传感器实时的状态，也能通过页面中的按钮对执行器进行远程操作； 页面2——数据流界面，显示人体红外传感器采集到的实时数据； 页面3——报警记录界面，将历史报警以表格形式呈现		

任务名称	云平台可视化组态		
主界面			
数据流界面			
报警界面			
进度安排	工号	工作内容	参考时间安排
	①	页面规划	5～10min
	②	组态设计	40min
	③	导航栏制作	10min
	④	主界面制作	15min
	⑤	数据流界面制作	3min
	⑥	报警记录界面制作	3min
	⑦	测试调整	9min
结果评估（自评）	完成□　　基本完成□　　未完成□　　未开工□		
情况说明			
客户评估	很满意□　　满意□　　不满意□　　很不满意□		
客户签字			
公司评估	优秀□　　良好□　　合格□　　不合格□		

3.2.2.2 　任务准备

1.明确任务要求

本次任务是将已经连接到指定云平台上的物联网感知器件、控制设备、执行器的数据以直观的方式呈现，即设计可视化的云组态界面来呈现数据。

2.检查环境、设备

（1）确认工作环境安全，排除用电安全隐患；

（2）确认各传感器、控制设备、执行器均已正确连接至云平台；

（3）检测网络是否畅通，设备是否在线。

3.规划云组态的组成页面

由于在系统中有众多不同类型的数据，将这些数据放在不同的页面进行呈现，可以使呈现效果更为直观。用户通过对元件进行单击或双击操作可跳转到不同的页面。调试员需要对云组态的组成页面了然于胸。

三个页面的设计要求：页面1作为主界面呈现整个系统的设计，从中可以直观地看到传感器实时的状态，也能通过页面中的按钮对执行器进行远程操作；页面2呈现传感器具体的数据；页面3作为报警数据页面。页面规划如图3-26所示。

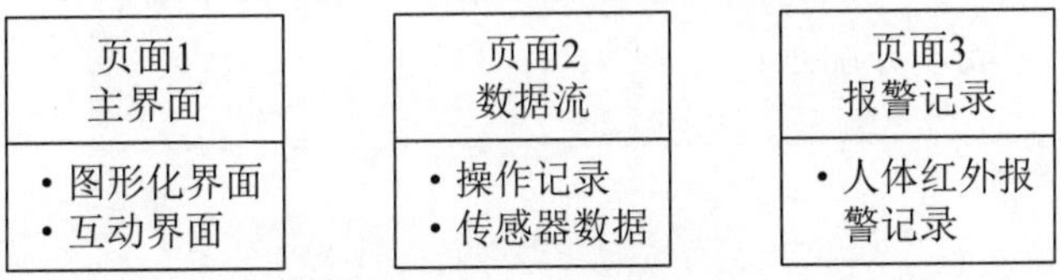

页面1 主界面	页面2 数据流	页面3 报警记录
·图形化界面 ·互动界面	·操作记录 ·传感器数据	·人体红外报 　警记录

图3-26 页面规划

4.安排好人员分工和时间进度

本任务可以安排一名云平台调试员完成操作，预计需要90min来完成任务。

3.2.3 　任务实施

3.2.3.1 　进入组态设计界面

1.登录云平台

打开浏览器，在地址栏输入"iot.intransing.net"进入云平台页面。

成功加载的云平台登录界面如图3-27所示，用户可以向项目管理员索取分配的账号和密码，根据提示分别填入相应的文本框。单击"立即登录"按钮，在账号和密码正确的情况下，可以快速进入云平台的主界面。

图3-27　云平台登录界面

2. 进入组态设计窗口

在云平台主界面左侧菜单栏中的"设备管理"菜单项中单击"设备模板"，如图3-28所示。

在出现的"设备模板"界面中单击"网关"模板的"组态设计"按钮，如图3-29所示。在短暂的加载后，出现用于组态设计的新窗口，如图3-30所示。云平台组态编辑器窗口大致分为六个区域，分别是：

图3-28　"设备模板"　　　　　　　　　　图3-29　组态设计

A区域——顶部工具栏：通过使用该区域提供的功能可以对元件、组态页面或者整个组态文件进行操作。

B区域——页面管理：支持计算机端或者手机端组态页面的单独设计，支持组态页面的增、删、查、改以及设置密码功能。

C区域——元件库：提供具有特定功能的各种元件，在设计时将想要的元件拖曳到画布上即可。

D区域——图库：提供系统图片用于组态设计，支持从"我的收藏"里上传本地图片到图库中。

E区域——画布：用于盛放拖曳到其上的元件、图片。

F区域——配置：包含页面设置和元件设置。选中页面时，可对页面尺寸、背景、页面密码进行设置；选中元件时，可对选中元件的数据和样式进行设置。

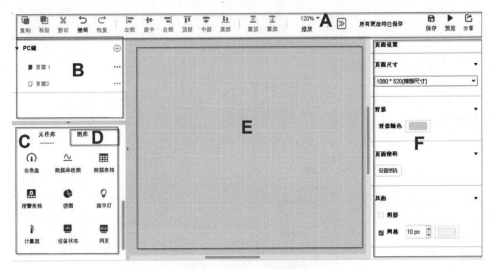

图3-30　云平台组态编辑器窗口

3.2.3.2　设计组态

1. 添加页面

在页面管理区域找到"添加页面"按钮，如图3-31所示，单击该按钮后即可创建一个空页面——页面2，再次单击"添加页面"按钮，可创建一个空页面——页面3。

图3-31　添加页面

2. 页面设置

步骤1：重命名。

单击页面1右侧的"三点"按钮，在弹出的列表中单击"重命名"选项，如图3-32所示。

在弹出的对话框中输入"主界面"，如图3-33所示。填写完毕后，单击"重命名"按钮即可完成重命名。给页面起一个好名称可以方便系统的运营与维护。

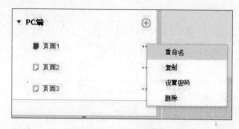
图3-32　页面操作

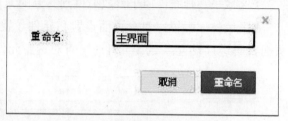
图3-33　重命名页面1

页面2、页面3的重命名和页面1的方法一样。将页面2重命名为"数据流"，页面3重命名为"报警记录"，重命名后页面管理区域如图3-34所示。

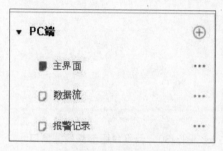
图3-34　重命名页面

步骤2： 页面尺寸。

单击页面空白处后，在配置区域单击"页面尺寸"的三角按钮打开下拉列表，选择"1060*520（推荐尺寸）"选项，如图3-35所示。

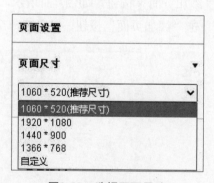
图3-35　选择页面尺寸

若系统提供的尺寸不合适，用户可以根据自己的需要自定义尺寸，理论上可以设置无限大的页面尺寸。

3. 制作导航栏
步骤1： 制作导航栏背景。

　　选中"主界面"页面，在元件库中单击"矩形"按钮，或将"矩形"按钮拖曳至画布中，此时处于选中"矩形"元件的状态，在配置区域中出现的是"矩形"元件的配置界面；单击"样式"选项卡，在"位置和尺寸"中设置X为"0px"，Y为"0px"，W为"220px"，H为"520px"；在外观中设置背景颜色为"666FF"。

　　步骤2：添加文本。

　　在元件库中单击"文本"按钮，或将"文本"按钮拖曳至画布中，双击"文本"元件，输入"主界面"，单击"样式"选项卡，在"位置和尺寸"中设置X为"20px"，Y为"50px"，W为"180px"，H为"50px"；在文本中设置字号为"40px"，将外观中的背景颜色改为"FFFFF"。

　　复制"主界面"中的文本元件并粘贴，双击该文本元件并修改文字为"数据流"，修改Y为"150px"。

　　再次复制"主界面"中的文本元件并粘贴，双击该文本元件并修改文字为"报警记录"，修改Y为"250px"。

　　在导航栏的底部拖入"时间"元件，选中"时间"元件，在配置区域的外观中设置时间格式为"yyyy-mm-dd"，导航栏外观如图3-36所示。

图3-36　导航栏

　　步骤3：增加交互。

　　选中"主界面"文本元件，单击配置区域的"数据"选项卡，选择"单击"复选框；单击其右侧笔形"编辑"按钮，打开"创建交互"对话框，在该对话框中单击"动作"下拉列表框并选择"打开页面"选项，单击"页面"下拉列表框并选择"主界面"选项，如图3-37所示。

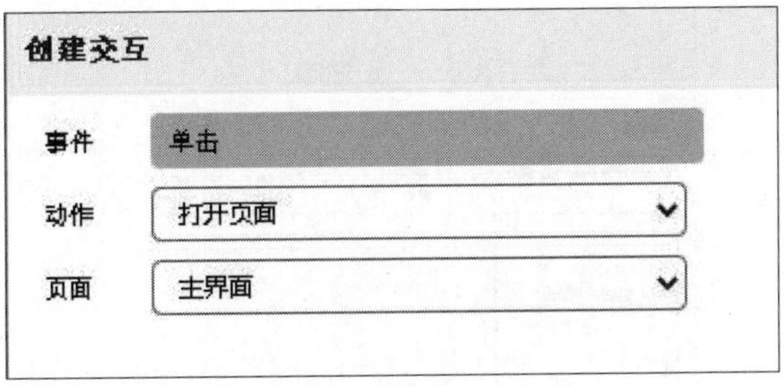

图3-37　创建交互

　　选中"数据流"文本元件，选择"单击"复选框，单击右侧笔形"编辑"按钮，打开"创建交互"对话框，在该对话框中单击"动作"下拉列表框并选择"打开页面"选项，打开"页面"下拉列表框并选择"数据流"选项。

　　选中"报警记录"文本元件，选择"单击"复选框，单击右侧笔形"编辑"按钮，打开"创建交互"对话框。在该对话框中单击"动作"下拉列表框并选择"打开页面"选项，打开"页面"下拉列表框并选择"报警记录"选项。

用户也可以将双击事件设置为打开"主界面"。

步骤4：复制导航栏。

选中整个导航栏后，在顶部工具栏中单击"组合"按钮。将整个导航栏复制并分别粘贴到"数据流"页面和"报警记录"页面。

4. 设计"主界面"页面

步骤1：添加背景。

选中"主界面"页面，在画布中添加一个"矩形"元件，在"位置与尺寸"中设置X为"220px"，Y为"0px"，W为"840px"，H为"520px"；在外观中设置背景颜色"FFFFF"，作为背景置底，如图3-38所示，右侧白色矩形是刚添加的元件，除了作为背景也起到"占位符"的作用，可根据需要修改矩形的颜色。

图3-38 添加背景

步骤2：自定义上传图像。

单击"图库"选项卡，在"我的收藏"中单击"＋"按钮或者单击笔形按钮，如图3-39所示。

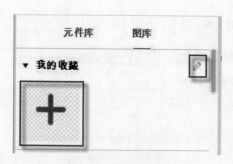

图3-39 自定义图像

在弹出的对话框中出现提示将图像或网络连接拖曳至空白处，按提示将用到的图片拖入到对话框，之后在对话框的空白处会显示出图片的缩略图，如图3-40所示。单击"保存"按钮可将图片上传至平台，根据网速不同保存速度也不同。除了拖曳图片的方式，用户也可采用单击"导入"按钮来导入图片。

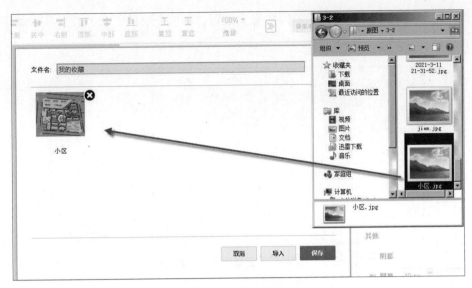

图3-40　上传图像

　　图片保存完成后，在"图库"选项卡的"我的收藏"中会出现上传的图片，将图片拖曳至主界面，调整图片尺寸。

　　步骤3：添加元件。

　　单击"元件库"选项卡，从图标元件中选择"指示灯"元件来模拟照明灯，再添加"设备状态"元件；单击"图库"选项卡，选择"开关"来模拟线下的"警报解除"按钮，将元件合理地分布在画布中，完成后的结果如图3-41所示。

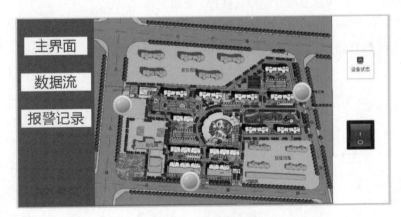

图3-41　主界面分布

　　添加了"设备状态"元件后，若发现有人非法闯入，则指示灯亮起，同时，警备室的"设备状态"转变为"报警状态"，即"报警灯"闪烁；在安保人员确认情况无碍后，按下"开关"解除警报状态，指示灯熄灭，"设备状态"转变为"在线状态"。

　　步骤4：设置数据来源及相关参数。

　　为模拟传感器的"指示灯"添加数据来源。选中"指示灯"，单击"数据"选项卡，设置数据来源，即设置从机与变量。由于该指示灯是在人体红外未检测地人体活动时熄灭，检测到人体活动则亮起，因此需要设置"功能"中的"状态设置"，如图3-42所示。

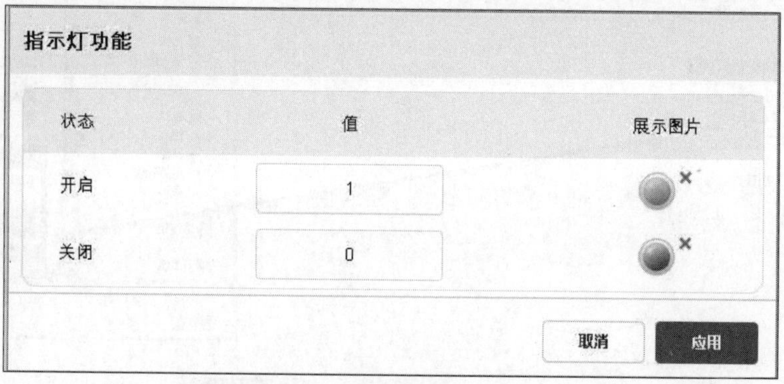

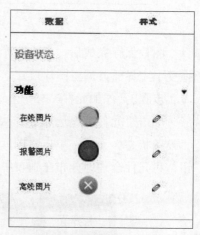

图3-42 设置指示灯功能

单击"设备状态"元件后，单击"数据"选项卡，为"设备状态"添加参数，修改"在线图片"为绿灯，"报警图片"设为"图库"中闪烁的红灯，如图3-43所示。

为"开关"元件设置参数。在"数据"选项卡下选择"按下"复选框，并单击其右侧笔形编辑按钮，打开"创建交互"对话框，在该对话框中将动作设为"给变量赋值"，对应从机设为"人体红外检测"，变量设为"人体红外变量"，下发值设为"0"，如图3-44所示。设置该参数的目的是使指示灯能重新点亮。

图3-43 设置指示灯参数

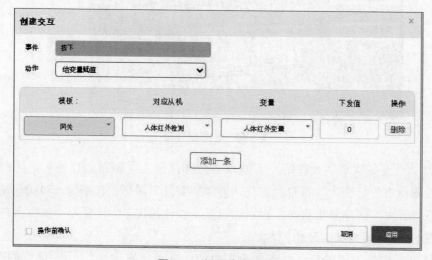

图3-44 设置交互参数

5. 设计"数据流"页面

选中"数据流"页面,在画布中添加一个"矩形"元件,在配置区域单击"样式"选项卡,在"位置和尺寸"中设置X为"220px",Y为"0px",W为"840px",H为"520px";在外观中设置背景颜色"FFFFF",作为背景板置底。

在元件库的"图表"元件中单击"数据曲线图"按钮或将"数据曲线图"拖曳至画布,在配置区域单击"样式"选项卡,在"位置和尺寸"中设置X为"390px",Y为"90px",W为"500px",H为"350px";单击"数据"选项卡,数据类型选择"实时数据",单击绑定变量右侧的笔形编辑按钮,在"数据曲线功能"对话框中选择对应从机为"人体红外检测",变量设为"人体红外变量",单击"应用"按钮保存。

为使界面更具可读性,添加"文本"元件,双击并输入文字"人体红外检测实时数据";添加"时间"元件。为了界面美观,修改"文本"元件与"时间"元件的X为"370px",W为"500px",使两者与数据曲线图居中对齐。也可以选中"文本"元件、"数据曲线图"元件、"时间"元件后,单击工具栏中的"水平居中"按钮。完成后的界面如3-45所示。

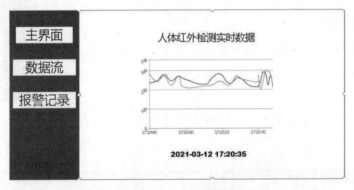

图3-45 数据流页面

6. 设计"报警记录"页面

选中"报警记录"页面,在画布中添加一个"矩形"元件,设置其样式参数X为"220px",Y为"0px",W为"840px",H为"520px";设置背景颜色为"FFFFF",作为背景板置底。

在元件库的"图表"元件中单击"报警表格"按钮或将"报警表格"拖曳至画布,在配置区域单击"样式"选项卡,在"位置和尺寸"中设置X为"240px",Y为"120px",W为"800px",H为"350px";单击"数据"选项卡,数据类型选择"实时数据",单击"功能"右侧笔形编辑按钮,在"数据表格功能"对话框中选择对应从机为"人体红外检测",变量设为"人体红外变量",单击"应用"按钮保存。

为了界面更具可读性,添加"文本"元件,双击并输入文字"报警记录";选中"文本"元件、"报警表格"元件后,单击工具栏中的"水平居中"按钮。完成后的界面如图3-46所示。

图3-46　报警记录界面

提示：云组态设计过程中要随时单击工具栏中的"保存"按钮来保存完成的设计工作，避免因断电等意外情况而丢失数据；也可以通过单击"预览"按钮，预览页面的呈现效果，同时也可以保存当前设计。

3.2.3.3　组态应用

图3-47　监控大屏菜单项

云组态设计完成后，在单击"保存"按钮后关闭云组态编辑器页面，返回云平台主界面，在左侧菜单栏中单击"监控大屏"选项，如图3-47所示。

在打开的监控大屏页面中，默认进入"设备监控"界面，如图3-48所示。

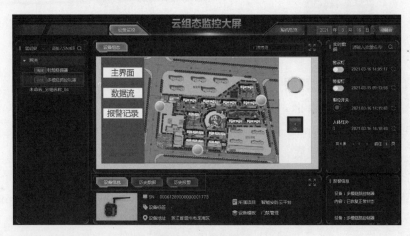

图3-48　设备监控

1. 组态测试

在项目分组中选择设备"多模链路控制器"，测试各组态功能能否实现，并在表3-8中填写。

表3-8　组态功能测试

功能	能否实现 （能实现打 √，不能实现打 ×）
设备状态显示图标正确	
人体红外传感器未检测到人体经过时，指示灯为熄灭	
人体红外传感器检测到人体经过时，设备状态图标为闪烁的红灯	
在组态界面中按下开关后解除警报状态	
解除警报状态后，指示灯重新亮起	
单击"主界面"文本元件能跳转至"主界面"页面	
"数据流"页面能实时采集人体红外变量的数据	
单击"数据流"文本元件能跳转至"数据流"页面	
"报警记录"页面能呈现报警记录	
单击"报警记录"文本元件能跳转至"报警记录"页面	

2. 信息查看

查看监控大屏中的设备信息、历史数据、历史报警、实时数据、报警信息等模块。

单击"系统总览"按钮，可进入系统总览页面，如图3-49所示，监控大屏的主页的地图显示设备的地理位置。此外，系统总览页面还可以查看设备概况、设备列表、报警统计、报警信息等内容。单击"控制台"按钮可返回云平台主界面。

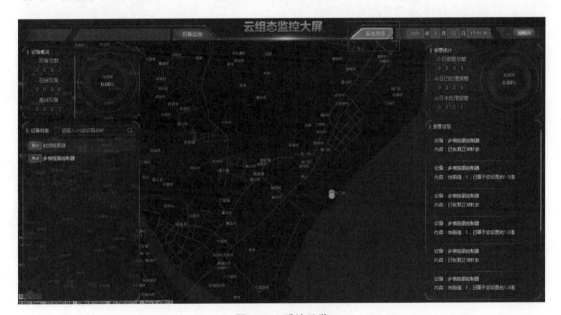

图3-49　系统总览

国际上有许多知名的云组态平台，而国内的平台也在奋起直追，每个中国人都承担着中华民族伟大复兴的重任，要承先辈之志，以科学知识武装自己，努力学习奋发进取，来实现真正的科技强国梦。

3.2.4 知识提炼

3.2.4.1 组态软件与云组态

组态具有配置、设定、设置等含义，是指用户通过类似"搭积木"的简单方式来完成自己所需要的软件功能，而不需要编写计算机程序。

组态软件本是广泛应用于局域网内工业自动化行业的数据采集与过程控制的专用软件，自动化工程师比较习惯使用组态软件来开发监控平台。随着互联网和物联网的发展，传统的组态软件不能实现手机端、网页端的远程监控，因此需要将组态软件接入云端。但是若与网络工程师配合定制来实现这些功能，耗费时间长、成本高，因此逐渐出现了一些能一站式完成终端设备数据采集、实时控制、报警推送、分组管理、组态设计等功能的物联网系统，这类系统称为云组态系统。

"云组态"按照工控自动化工程师的使用习惯开发的，用户可通过类似"搭积木"的简单方式来实现对自动化过程和装备的监视和控制，从自动化过程和装备中采集各种信息，并将信息以图形化等更易于理解的方式在网络平台、手机端进行显示，可将重要的信息以各种手段传送到相关人员，对信息执行必要的分析处理和存储，发出控制指令。这一过程不需要编写计算机程序，也就是所谓的"组态"，有时候也称为"二次开发"，组态软件就称为"二次开发平台"。

客户端通过接入服务接入云，设备接入云端后，用户可以通过网页、App、小程序远程控制设备，其架构图如图3-50所示。

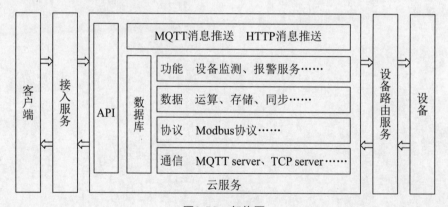

图3-50 架构图

3.2.4.2 国内外物联网平台

物联网相关的云计算平台，可以细分为IoT Hub、Web App及数据分析的PaaS。表3-9列举了部分国内外物联网平台。

表3-9　部分国内外物联网平台

公司名称	平台名称	网址
亚马逊卓越有限公司（亚马逊）	AWS IoT	https：//aws.amazon.com/cn/
微软（中国）有限公司（微软）	Azure IoT	https：//azure.microsoft.com/zh-cn/overview/iot/
国际商用机器公司（IBM）	IBM云IoT	https：//www.ibm.com/login
阿里云计算有限公司（阿里巴巴）	阿里云	https：//www.aliyun.com/
腾讯云计算（北京）有限责任公司（腾讯）	QQ物联·智能硬件开放平台	https：//iot.open.qq.com/
上海庆科信息技术有限公司（庆科云）	FogCloud	https：//v2.fogcloud.io/
北京智云奇点科技有限公司（Ablecloud）	物联网自助开发和大数据云平台	http：//www.ablecloud.com/

3.2.4.3　云组态的特点

1．封装，易学易用

用户只需掌握基本的编程知识，甚至可以不用编程，就能完成一个复杂工程的所有功能，因为组态软件会将用户需要完成的功能进行封装，供用户方便地调用。

2．延续性和可扩展性

当现场环境或用户需求发生改变时，用通用组态软件开发的应用程序不需作很多修改就能方便地完成软件的更新和升级。

3．通用性

每位用户都能根据工程实际情况，利用通用组态软件提供的自动化应用系统需要的底层设备（PLC、智能仪表、智能模块等）、开放式数据库、图画制作工具完成具有动画效果、实时数据处理、历史数据曲线并存的工程，不受行业限制。

3.2.4.4　MQTT

消息队列遥测传输协议（Message Queuing Telemetry Transport，MQTT），是一种基于客户端-服务器端发布/订阅（publish/subscribe）模式的"轻量级"通信协议。该协议是建立在TCP/IP协议上，由IBM于1999年发布。

MQTT协议能以极少的代码和有限的带宽，为连接远程设备提供实时可靠的消息服务。轻量、简单、开放和易于实现的特点使得MQTT适用范围非常广，包括很多受限的环境，如机器与机器（M2M）通信和物联网（IoT）、卫星链路通信传感器、偶尔拨号的医疗设备、智能家居及一些小型化设备等。

3.2.5　任务评估

任务完成后，施工人员请跟进任务完成情况相互检查、评估并填写任务评估表，见表3-10。

表3-10　任务评估表

检查内容	检查结果		满意率		
熟练进入组态编辑器	是□　否□		100%□	70%□	50%□
制作导航栏，在不同界面间可以跳转	是□　否□		100%□	70%□	50%□
正确上传图片	是□　否□		100%□	70%□	50%□
能添加必要的元件	是□　否□		100%□	70%□	50%□
元件样式设置合宜	是□　否□		100%□	70%□	50%□
正确设置元件数据来源	是□　否□		100%□	70%□	50%□
能直观、正确体现数据	是□　否□		100%□	70%□	50%□
完成任务后使用的工具是否摆放、收纳整齐	是□　否□		100%□	70%□	50%□
完成任务后工位及周边的卫生环境是否整洁	是□　否□		100%□	70%□	50%□

3.2.6　拓展练习

▶ 理论题：

1. 组态编辑器不能对页面进行以下哪种操作？（　　　）

A. 重命名　　　　　　　　　　　　B. 复制页面

C. 设置密码　　　　　　　　　　　D. 改变分组

2. 在绑定元件的数据来源时不需要对（　　　）进行设置。

A. 设备模板　　　　　　　　　　　B. 从机

C. 变量　　　　　　　　　　　　　D. 下发值

3. 单击监控大屏中的（　　　）可以查看设备的地理位置。

A. 设备信息　　　　　　　　　　　B. 历史数据

C. 历史报警　　　　　　　　　　　D. 系统总览

4. 以下属于云组态的特点的是（　　　）。【多选题】

A. 封装性　　　　　　　　　　　　B. 可靠性

C. 轻量级　　　　　　　　　　　　D. 强大的图形处理

5. MQTT应用的范围包括（　　　）。【多选题】

A. M2M　　　　　　B. IoT　　　　　　C. 医疗设备　　　　　　D. 智能家居

▶ 操作题：

选用适合的元件模拟红外对射传感器，当有不明物体越过围墙入侵小区时，红外对射的信号引发警报，并在数据流和报警记录页面进行记录。当警备人员确认情况后可以解除报警状态。

3.3 任务3 数据监测与分析

3.3.1 任务描述

为了实现对智能安防设备的数据实时获取和分析，现要求云平台调试人员小吴根据任务工单的要求在云平台上监测设备数据、设置报警策略，对报警事务进行处理，并对设备的历史数据进行分析。

任务实施之前，需要认真研读任务工单，了解系统应用的场景，了解系统中使用的设备、从机及其变量，充分做好实施前的准备工作。

任务实施过程中，根据分配的账号和密码登录云平台，通过配置来实现对云平台端的数据进行实时监测、报警、历史数据分析等功能。

任务实施之后，根据数据分析结果，改进管理措施。

3.3.2 任务工单与任务准备

3.3.2.1 任务工单

在云平台上监测设备数据与分析的任务工单如表3-11所示。

表3-11 任务工单

任务名称	数据监测与分析		
负责人姓名	吴××	联系方式	155××××××××
实施日期	20××年××月××日	预计工时	40min
工作场地情况	室内，计算机能连接外网		
数据监测	①在云组态监控大屏选择正确的设备。 项目：智能安防云平台； 分组：网关； 设备：多模链路控制器。 ②在数据流页面中获取"人体红外检测"实时数据的曲线图。 ③在云组态监控大屏中获取"人体红外""警示灯""限位开关"的实时数据		
设置报警	①设置报警联系人。 姓名：吴××； 手机：155××××××××； 邮箱：wu××××××××@163.com； 备注：安保人员。 ②设置报警。 当人体红外变量为1时，触发短信与电子邮件的报警推送，同时报警灯闪烁		

续表

任务名称	数据监测与分析		
报警处理	①选择处理类型。 ②设置处理结果		
数据分析	①获取并下载数据； ②历史数据分析； a. 一天内各个时间段出现报警的次数统计； b. 比较分析人员密集情况以及常出现的时间段		
进度安排	工序	工作内容	时间安排
	①	获取实时数据	5min
	②	添加报警联系人	5min
	③	设置报警	5min
	④	获取报警记录	5min
	⑤	处理报警	10min
	⑥	历史数据分析	10min
结果评估（自评）	完成□　　基本完成□　　未完成□　　未开工□		
情况说明			
客户评估	很满意□　　满意□　　不满意□　　很不满意□		
客户签字			
公司评估	优秀□　　良好□　　合格□　　不合格□		

3.3.2.2　任务准备

1. 明确任务要求

本次任务是对已经连接到指定云平台上的物联网感知器件、控制设备、执行器件的数据进行监测，设置报警，并对历史数据进行分析。

2. 检查环境、设备

（1）确认工作环境安全，排除用电安全隐患；

（2）确认各传感器、控制设备、执行器均已正确连接至云平台；

（3）检测网络是否畅通，设备是否在线。

3. 安排好人员分工和时间进度

本任务可以安排一名云平台调试员和一名安保人员进行操作，预计需要40min来完成任务。云平台调试员用5min来完成获取实时数据，用10min来完成添加报警联系人并设置报警参数。当发生报警时，安保人员在5min后通过多渠道（Web端、短信、电子邮件）获取报警信息，之后使用10min来处理报警信息，再用10min分析历史数据。

3.3.3　任务实施

3.3.3.1　数据监测

1. 登录云平台

打开浏览器，在地址栏输入"iot.intransing.net"，进入云平台登录页面。输入所分配的账号和密码，单击"立即登录"按钮，在账号和密码正确的情况下，可以登录到云平台的主界面。

2. 监测实时数据

单击云平台主界面左侧菜单栏中的"监控大屏"菜单项，在新弹出的页面中选择正确的项目与设备。在"设备组态"中单击"数据流"后将跳转至"数据流"页面，显示"人体红外检测实时数据"，如图3-51所示。在监控大屏的右侧，可以实时显示"人体红外""限位开关""警示灯"的状态。

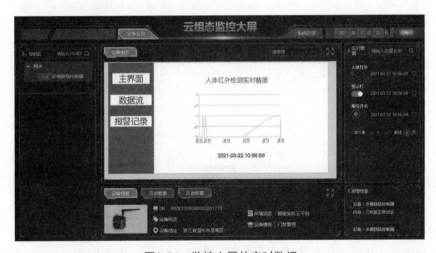

图3-51　监控大屏的实时数据

通过获取实时数据可以检测设备的连通性，当设备与联动控制器、联动控制器与多模链路控制器、多模链路控制器与云平台都能连通时，用户才能在监控大屏中看到采集到的实时数据。在设备连通的基础上，且设备组态中的参数设置正确，系统才能获取人体红外检测的实时数据流。

3.3.3.2　设置报警

1. 设置报警

在云平台主界面左侧菜单栏中找到"设备管理"选项，单击"设备模板"菜单项。此时，在右侧的窗体中会出现"设备模板"页面，单击"门禁管理"模板的"编辑"按钮，如图3-52所示。

图3-52 编辑模板

在"编辑设备模板"页面中，单击"从机列表"中的"人体红外检测"，在变量列表中找到"人体红外变量"，单击其后的"设置报警"按钮，如图3-53所示。

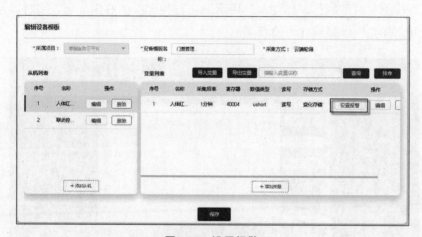

图3-53 设置报警

在弹出的"设置报警规则"对话框中将"报警规则"的开关打开，设置"触发条件"为"数值等于A"，并在其后的文本框中输入"1"，如图3-54所示。

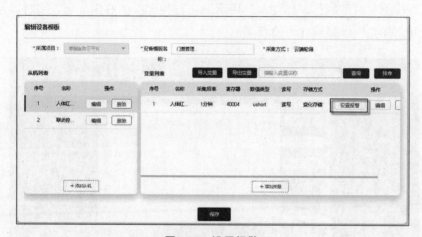

图3-54 设置报警规则

在"报警推送内容"文本框中输入"请注意！有不明入侵！请查明原因！"，在"恢复正常推送内容"文本框中输入"警报解除！"，如图3-55所示。

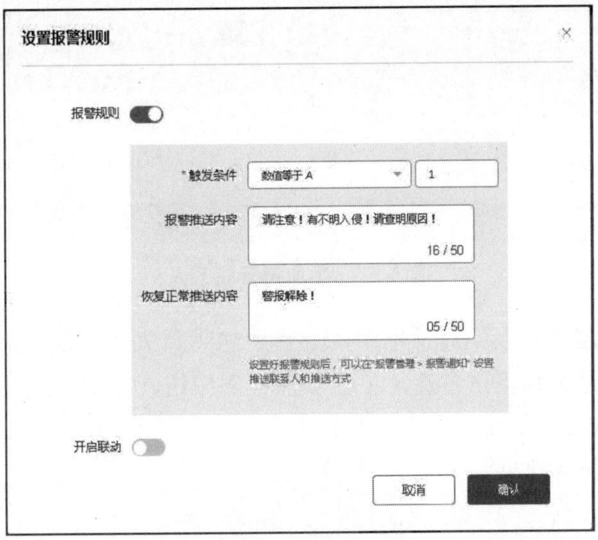

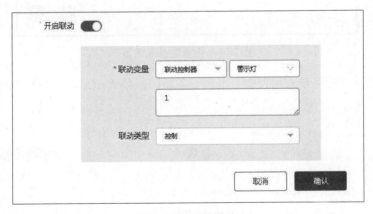

图3-55　设置推送内容

打开"开启联动"开关，如图3-56所示，在"联动变量"第一个下拉列表框中选择"联动控制器"，在"联动变量"第二个下拉列表框中选择"警示灯"，在"联动类型"下拉列表框中选择"控制"，在新出现的文本框中输入下发给警示灯的数据"1"。单击"确认"按钮，完成联动设置。

图3-56　设置联动

2. 添加报警联系人

在云平台主界面左侧菜单栏中的"报警管理"选项中单击"报警联系人"，在出现的"联系人"页面中单击页面右侧的"添加"按钮，如图3-57所示。

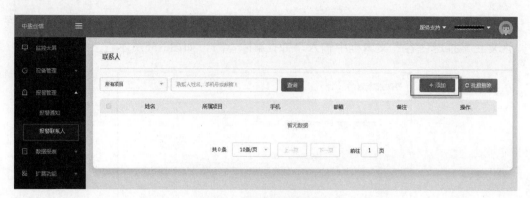

图3-57　添加报警联系人

在弹出的"新建联系人"对话框中，选择所属项目为"智能安防云平台"，输入联系人的姓名、手机号、邮箱与备注，单击"保存"按钮，如图3-58所示。

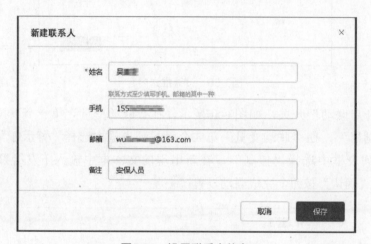

图3-58　设置联系人信息

保存完毕后，在联系人列表中会出现一条新的联系人记录，如图3-59所示。

图3-59　联系人列表

3. 设置报警通知

在云平台主界面左侧的菜单栏中单击"报警管理"菜单项中的"报警通知"，如图3-60所示。

在右侧"报警通知"页面中单击右上方的"添加"按钮，如图3-61所示。

图3-60　报警通知　　　　　　　　　　　　图3-61　添加报警通知

在弹出的"添加报警通知"对话框中输入报警通知名称为"请查明不明入侵"，在"选择设备"下拉列表框中单击"智能安防云平台"，单击"网关"，单击"多模链路控制器"，如图3-62所示。选择设备完毕后，单击对话框的空白处收起下拉列表框。

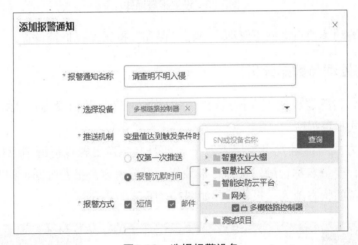

图3-62　选择报警设备

设置"推送机制"，选中"报警沉默时间"选项，将时间设置为5分钟。

知识链接：报警沉默时间

为了避免同一事件在较短的采集时间内重复报警，需设置报警沉默时间。在报警后的报警沉默时间内，系统不会再次推送报警。例如：

① 假设设备的采集频率为10分钟，报警沉默时间设置为1分钟，则第一次报警（8：00）触发后，立即推送，第二次报警则需要在下一次轮询时（8：10）并且设备还是处于报警状态下才允许推送。

② 假设采集频率设置为1分钟，报警沉默时间设置为5分钟，在第一次报警（8：00）立即推送后，下一次的推送时间则是8：05。

设置"报警方式"，单击选中"短信"与"邮件"两种报警方式所对应的复选框。

"报警联系人"中的内容不能为空，需单击联系人或选择联系人前方的复选框，如图3-63所示。

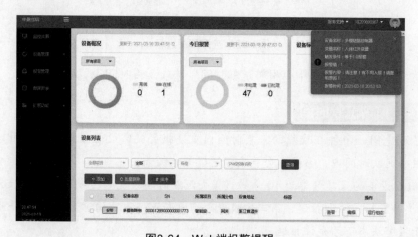

图3-63　设置报警通知

向下拖曳滚动条使页面向下滚动，单击"保存"按钮保存报警设置。

3.3.3.3　报警处理与数据分析

当人体红外传感器检测到人体活动时，人体红外变量数值变为1，触发报警，系统会采用多种方式报警提醒。

警报提醒方式一：触发报警后，云平台页面上会弹出警报提醒消息框，提示信息包括设备名称、变量名称、触发条件、报警值、报警内容及报警时间，同时在"设备列表"中将该设备的状态改为"报警"，如图3-64所示。

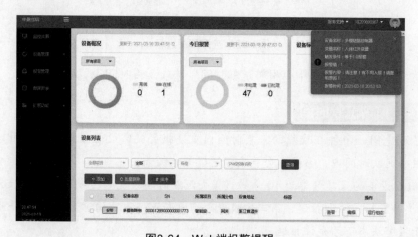

图3-64　Web端报警提醒

警报提醒方式二：触发报警后，所填写的报警联系人的电子邮箱中会收到一封名为"报警信息"的邮件，如图3-65所示。

警报提醒方式三：触发报警后，所填写的报警联系人的手机会收到短信提醒，如图3-66所示。

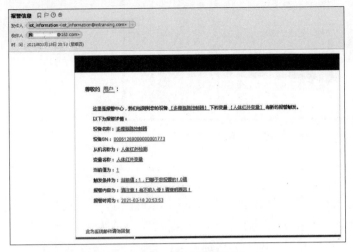

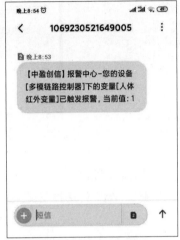

图3-65 邮箱报警提醒　　　　　　　　　图3-66 短信报警提醒

1. 报警处理

收到系统的警报提醒时，需要及时处理这些警报。首先，在云平台主界面左侧菜单栏中单击"数据报表"菜单项中的"报警记录"，如图3-67所示。

在"报警记录"界面单击"处理"按钮，如图3-68所示。

图3-67 报警记录　　　　　　　　　图3-68 处理报警记录

在弹出的对话框中单击"误报"或"已处理"单选按钮来选择报警状态，并在"处理结果"文本框中输入对事件处理的相关说明，如图3-69所示。

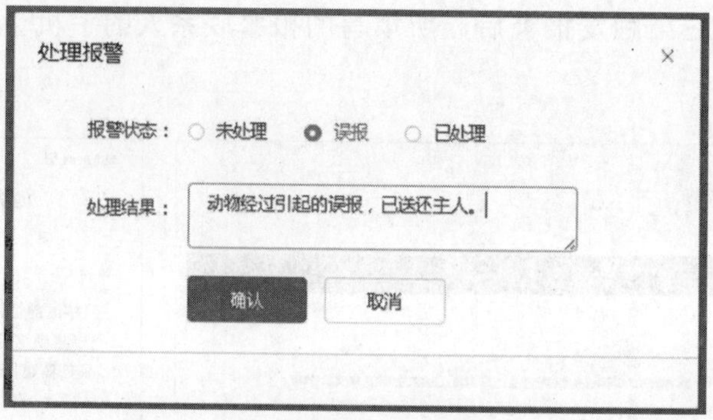

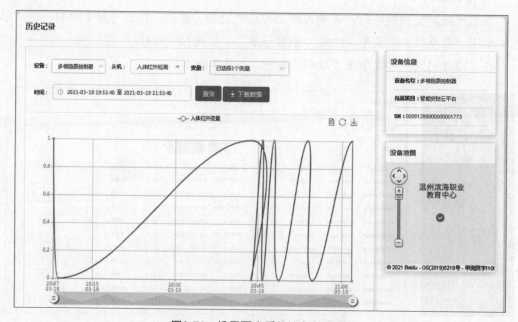

图3-69　设置报警状态与填写处理结果

2. 数据分析

在云平台主界面左侧菜单栏中单击"数据报表"中的"历史记录"菜单项，进入"历史记录"界面；单击"设备"下拉列表框，选中"智能安防云平台"，单击"网关"，单击"多模链路控制器"；单击"从机"下拉列表框，选择"人体红外检测"从机；单击"变量"下拉列表框，选择"人体红外变量"后显示"已选择1个变量"，如图3-70所示。

图3-70　设置要查看的设备与变量

现以2021年3月17日至3月19日的数据为例进行分析。设置开始时间为2021年3月17日00：00：00，结束时间为2021年3月20日00：00：00，单击"查询"按钮，出现的曲线图如图3-71所示。在该界面，单击"下载数据"按钮，在弹出的"是否下载历史数据"提示框中单击"确定"按钮，则可获取相关数据的Excel文件。

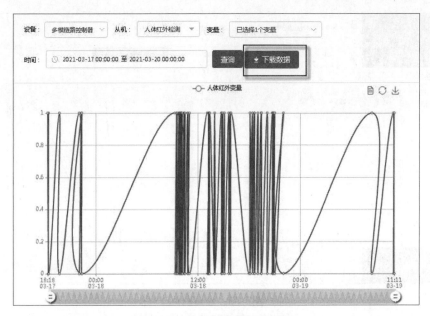

图3-71　选定时间段的曲线图

　　拖曳图表下方滚动条上的滑块，缩小范围；将鼠标指针移至数据点上，可以显示变量变化的时间与变量值，如图3-72所示。

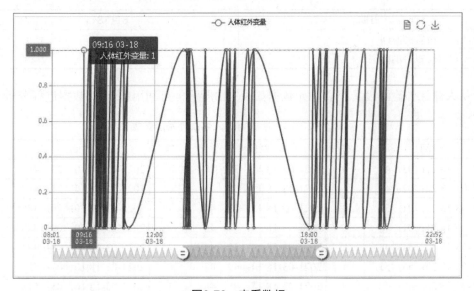

图3-72　查看数据

　　可进一步将时间调整为3月18日00：00：00至3月18日23：59：59，分析3月18日一天内的数据。单击"时间"控件，在弹出来的窗口中，两次单击3月份的日期"18"；单击结束时间，在弹出的下拉列表框中滚动鼠标滚轮，分别选择"23""59""59"，在下拉列表框中单击"确定"按钮，如图3-73所示。单击"清空"按钮右侧的"确定"，单击"查询"按钮。

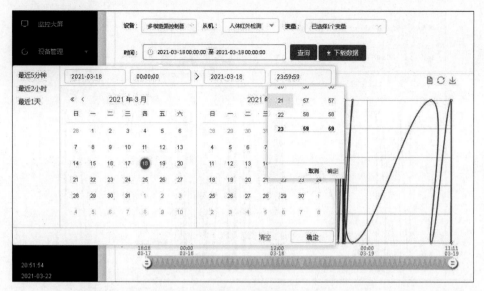

图3-73　设置时间

　　请在图表中找到3月18日第一次出现报警的时间和最后一次出现报警的时间，填写表3-12。

表3-12　报警信息

日期	3月18日
第一次出现报警的时间	
最后一次出现报警的时间	

　　从人体红外检测设备获取的元数据如表3-13所示，可利用Excel对数据进行分析。

表3-13　所获得的人体红外检测数据

时间	值	时间	值	时间	值
2021-03-18 22：03：48	0	2021-03-18 15：37：48	1	2021-03-18 10：23：48	1
2021-03-18 22：02：48	1	2021-03-18 15：08：48	0	2021-03-18 10：21：48	0
2021-03-18 21：01：53	0	2021-03-18 15：07：48	1	2021-03-18 10：20：48	1
2021-03-18 21：01：48	1	2021-03-18 14：56：48	0	2021-03-18 10：09：48	0
2021-03-18 20：54：48	0	2021-03-18 14：55：48	1	2021-03-18 10：08：48	1
2021-03-18 20：53：53	1	2021-03-18 14：49：48	0	2021-03-18 10：07：52	0
2021-03-18 20：48：48	0	2021-03-18 14：48：48	1	2021-03-18 10：05：52	1
2021-03-18 20：47：53	1	2021-03-18 14：46：48	0	2021-03-18 10：05：48	0
2021-03-18 20：45：53	0	2021-03-18 14：45：48	1	2021-03-18 10：04：48	1
2021-03-18 20：45：48	1	2021-03-18 13：59：48	0	2021-03-18 10：03：52	0
2021-03-18 20：43：53	0	2021-03-18 13：58：48	1	2021-03-18 10：02：51	1
2021-03-18 20：43：48	1	2021-03-18 13：57：52	0	2021-03-18 10：01：48	0
2021-03-18 20：08：48	0	2021-03-18 13：24：52	1	2021-03-18 09：58：48	1
2021-03-18 20：07：52	1	2021-03-18 13：23：48	0	2021-03-18 09：56：48	0

续表

时间	值	时间	值	时间	值
2021-03-18 19：28：48	0	2021-03-18 13：21：48	1	2021-03-18 09：55：48	1
2021-03-18 19：27：48	1	2021-03-18 13：20：52	0	2021-03-18 09：54：52	0
2021-03-18 19：26：48	0	2021-03-18 13：20：48	1	2021-03-18 09：54：48	1
2021-03-18 19：25：48	1	2021-03-18 13：18：48	0	2021-03-18 09：52：48	0
2021-03-18 19：02：51	0	2021-03-18 13：17：48	1	2021-03-18 09：51：48	1
2021-03-18 19：02：48	1	2021-03-18 13：15：48	0	2021-03-18 09：48：48	0
2021-03-18 18：41：48	0	2021-03-18 13：14：48	1	2021-03-18 09：47：48	1
2021-03-18 18：40：51	1	2021-03-18 13：12：48	0	2021-03-18 09：46：48	0
2021-03-18 18：38：48	0	2021-03-18 13：08：48	0	2021-03-18 09：45：48	1
2021-03-18 18：37：48	1	2021-03-18 13：07：48	1	2021-03-18 09：44：51	0
2021-03-18 18：25：48	0	2021-03-18 11：00：48	0	2021-03-18 09：44：48	1
2021-03-18 18：24：48	1	2021-03-18 10：59：52	1	2021-03-18 09：33：48	0
2021-03-18 18：08：53	0	2021-03-18 10：49：52	0	2021-03-18 09：32：48	1
2021-03-18 18：08：48	1	2021-03-18 10：49：48	1	2021-03-18 09：30：51	0
2021-03-18 18：02：01	0	2021-03-18 10：47：48	0	2021-03-18 09：30：48	1
2021-03-18 15：54：48	1	2021-03-18 10：46：48	1	2021-03-18 09：28：51	0
2021-03-18 15：52：48	0	2021-03-18 10：28：48	0	2021-03-18 09：28：48	1
2021-03-18 15：51：43	1	2021-03-18 10：28：38	1	2021-03-18 09：17：48	0
2021-03-18 15：38：48	0	2021-03-18 10：23：52	0	2021-03-18 09：16：51	1

将3月18日以小时为区段来分别统计各时段内出现报警的次数，填写表3-14。

表3-14　分时段报警次数统计表

时间段	报警次数	时间段	报警次数
00：00：00-01：00：00		12：00：00-13：00：00	
01：00：00-02：00：00		13：00：00-14：00：00	
02：00：00-03：00：00		14：00：00-15：00：00	
03：00：00-04：00：00		15：00：00-16：00：00	
04：00：00-05：00：00		16：00：00-17：00：00	
05：00：00-06：00：00		17：00：00-18：00：00	
07：00：00-07：00：00		18：00：00-19：00：00	
08：00：00-08：00：00		19：00：00-20：00：00	
09：00：00-09：00：00		20：00：00-21：00：00	
10：00：00-10：00：00		21：00：00-22：00：00	
11：00：00-11：00：00		22：00：00-23：00：00	
11：00：00-12：00：00		23：00：00-24：00：00	
总结：3月18日出现报警最频繁的时段为（　　　　　　　　　　　　　　）。			
根据结论提出的安保策略的优化方案：			

3.3.4 知识提炼

3.3.4.1 认识人体红外传感器

1．人体红外传感器

人体红外传感器是一种被动型的红外探测器，被广泛用于防盗报警、来客告知及非接触开关等红外领域。比如，当有入侵者通过探测区域时，人体红外传感器将启动自动探测，若有人在探测区域移动，LED指示灯会亮起，同时生成RS-485报警信号输出。某传感器实体如图3-74所示，该传感器由滤光片、热释电探测元和前置放大器组成，补偿型热释电传感器还带有温度补偿元件。为防止外部环境对传感器输出信号的干扰，上述元件被真空封装在一个金属壳内。

图3-74 人体红外传感器

2．主要技术指标

人们把红光之外的波长为760nm～1mm的辐射叫作红外光，它具有光的所有特性，并且具有非常显著的热效应。所有高于绝对零度（-273℃）的物质都可以产生红外线。

根据红外线发出方式的不同，红外传感器分为主动式和被动式两种，再者的对比信息如表3-15所示。

表3-15 按红外线发送方式分类

主动式红外传感器	被动式红外传感器
由发射机和接收机组成，主要采用一发一收的形式。正常情况下，接收机收到的是一个稳定的光信号，当有人入侵该警戒线时，红外光束被遮挡，接收机收到的红外信号发生变化，控制器会立即发出报警信号	靠探测人体发射的红外线进行工作，通常采用两个互相串联或并联的热释元件，电极方向正好相反，环境背景辐射产生的释电效应相互抵消，因此不会报警。人体产生的热辐射对两个热释电元产生的作用不一致，会向外释放电荷，检测处理后产生报警

根据能量转换方式的不同，红外传感器可分为光子式和热释电式两种，两者的对比信息如表3-16所示。

表3-16 按能量转换方式分类

光子式红外传感器	热释电式红外传感器
利用红外辐射的光子效应进行工作。当红外线入射到某些半导体材料时，红外辐射的光子流与半导体材料中的电子互相作用，改变电子能量状态，从而引起各种电学现象	利用红外辐射的热效应引起元件本身的温度变化来实现某些参数的检测。该类型的红外传感器虽然探测率、响应速度都不如光子式红外传感器，但因为可以在室温下使用，灵敏度与波长无关，所以应用领域广

本任务所使用的人体红外传感器的供电电源、传感器类型、报警延时等技术指标如表3-17所示。

表3-17　主要技术指标

技术指标	说明
供电电源	DC 10～30V
传感器类型	被动式双元热释红外传感器
报警延时	5s、10s、30s输出可选
安装方式	吸顶
信号输出	RS-485
通信协议	Modbus-RTU
工作环境	−10～50℃，湿度≤95%，无凝露

3. 通信协议

Modbus 是一个工业上常用的通信协议，包括RTU（远程终端单元）、ASCII（美国标准信息交换代码）和TCP。串口通信最重要的参数是波特率、数据位、停止位和奇偶校验。对于两个进行通行的端口，这些参数必须匹配。

波特率：衡量传输速率的参数，表示每秒钟传送的符号的个数。例如4800波特表示每秒发送4800bit的数据，那么时钟频率是4800Hz。波特率和距离成反比，高波特率常常用于放置得很近的仪器间的通信。

数据位：衡量通信中实际数据位的参数。

停止位：用于表示单个包的最后一位，典型的值为1、1.5和2位。由于数据传输在通信的两台设备间会出现不同步情况，因此停址位不仅可以表示传输的结束，并且提供计算机校正时钟同步的机会。

奇偶校验：提供简单的校验来保证数据的有效性，有四种检错方式：偶、奇、高和低，也可以没有校验位。

本任务所使用的人体红外传感器的通信基本参数如表3-18所示。

表3-18　通信基本参数

项目	说明
编码	8 位二进制
数据位	8 位
奇偶校验位	无
停止位	1 位
错误校验	CRC（冗余循环码）
波特率	可设为2400b/s、4800b/s、9600b/s，出厂默认设置为4800b/s

3.3.4.2 透明传输

1. 认识透明传输

透明传输（pass-through）指在通信中不管传输的内容如何，只负责将传输的内容由源地址传输到目的地址，而不改变数据内容。

在大规模系统中采用透明传输的方式主要目的是为减少层次网络中的累积误差。

2. 透明传输的特点

与面向连接和电话系统的工作模式相似，其特点是：

（1）必须经过建立连接、连接维护和释放连接三个过程；

（2）数据传输过程中，各分组不需要携带目的地址；

（3）收发数据顺序不变，因此传输的可靠性好。但若使用复杂的协议，则通信效率不高。

3. 主要应用

（1）无线排队设备、无线点菜系统、LED屏无线传输文字；

（2）智能教学设备、打分系统；

（3）婴儿监护、医病房呼叫系统；

（4）家庭电器、灯光智能控制；

（5）水、电、煤气，暖气自动抄表收费系统；

（6）防盗报警、生物识别门禁管理系统、酒店电子门锁、智能卡，视频监控云台控制；

（7）工业设备数据无线传输、工业环境监测；

（8）物流的供应链管理；

（9）自然环境检测。

3.3.4.3 数据分析

1. 数据分析的目的

数据分析就是对各类检测到的数据进行统计分析，目的是提取有效信息并形成结论。

2. 数据分析的步骤

（1）数据采集：收集相关数据。

（2）数据处理：将收集到的数据进行加工整理，形成适合数据分析的样式。

（3）数据分析：通过统计分析或数据挖掘技术对处理过的数据进行分析和研究。

（4）数据展现：以图表等形式将分析结果进行展示，使结果可视化。

（5）撰写报告：总结与呈现数据分析的结果。

3. 数据分析的方法

1）统计规律分析

统计规律分析是检测数据综合分析的一种重要方法，利用数理统计的方法对具体情况进行具体分析。

（1）对比分析法。

对比分析法是指基于相同的数据标准，把两个及以上相互联系的指标数据进行比较，准确、量化地分析差异（对比规模的大小、水平的高低、速度的快慢、是否协调等），目的是找到差异产生的原因，从而找到优化的方法。

（2）分组分析法。

分组分析法是指通过统计分组的计算和分析，来认识所要分析对象的不同特征、不同性质及相互关系的方法。

（3）平均分析法。

平均分析法是指应用平均数对现象进行比较分析的方法。

（4）交叉分析法。

交叉分析法又称立体分析法，是在纵向分析法和横向分析法的基础上，从交叉、立体的角度出发，由浅入深、由低级到高级的一种分析方法。虽然复杂，但弥补了"各自为政"分析方法所带来的偏差。

（5）矩阵关联分析法。

矩阵关联分析法是指用矩阵形式来表示各方案有关评价项目的评价值，计算各方案评价值的加权和，再通过分析比较，加权和最大的方案即为最优方案。应用矩阵关联法的关键在于确定各评价指标权重及评价尺度。

（6）综合评价分析法。

运用多个指标对多个参评单位进行评价的方法，简称综合评价方法。

2）合理性分析

（1）对项目间的相关性进行分析。

对项目间的相关性进行分析是合理性分析方法的一项重要内容，因为事物之间总是存在相关性，在把握项目监测数据关系的基础上进行数据分析可以提升数据的质量。

（2）对监测数据进行分析。

进行监测数据分析时一般使用两种数据，一种是历史数据，另一种是实时数据。历史数据是指过去一段时间内获取的数据，实时数据是指当下全新采集到的动态监测数据。对历史数据进行分析可以对事物的过去有把握，对实时动态数据分析可以发现一段时间内事物的变化情况。

（3）从监测目的出发进行分析。

从不同检测目的出发，对分析的结果也有不同的影响。

3.3.5 任务评估

任务完成后，施工人员请根据任务完成情况进行相互松果、评价并填写任务评估表（表3-19）。

表3-19 任务评估表

检查内容	检查结果	满意率		
监测到实时数据	是☐ 否☐	100%☐	70%☐	50%☐
正确设置报警联系人	是☐ 否☐	100%☐	70%☐	50%☐
正确设置报警	是☐ 否☐	100%☐	70%☐	50%☐
能获取报警信息	是☐ 否☐	100%☐	70%☐	50%☐
能处理报警信息	是☐ 否☐	100%☐	70%☐	50%☐
能简单地进行数据分析	是☐ 否☐	100%☐	70%☐	50%☐
完成任务后使用的工具是否摆放、收纳整齐	是☐ 否☐	100%☐	70%☐	50%☐
完成任务后工位及周边的卫生环境是否整洁	是☐ 否☐	100%☐	70%☐	50%☐

3.3.6 拓展练习

▶▶ **理论题：**

1. 人体红外传感器的信号输出是（　　）。

A. RS-485　　　　　　　　　　　　B. RS-232

C. RS-486　　　　　　　　　　　　D. RS-233

2. 报警信息不会通过（　　）方式提醒报警联系人。

A. Web端　　　　　　　　　　　　B. 短信

C. 电子邮件　　　　　　　　　　　D. QQ

3. 以下不属于报警状态的是（　　）。

A. 未处理

B. 严重警告

C. 已处理

D. 误报

4. 透明传输的特点有 （　　）。【多选题】

A. 有建立连接、连接维护和释放连接三个过程

B. 不改变数据内容

C. 数据传输过程中，各分组不需要携带目的地址

D. 传输可靠

5. 数据分析的方法有（　　）。【多选题】

A. 对比分析法　　　　　　　　　　B. 平均分析法

C. 交叉分析法　　　　　　　　　　　D. 综合评价分析法

▶ **操作题：**

1. 设置红外对射装置的信号被阻断时引发的警报，要求使用短信与电子邮件通知报警联系人，并联动警示灯闪烁。

2. 对红外对射报警记录进行数据分析，并陈述分析结果。

3.4 项目总结

全部任务完成后，施工人员根据表3-20中的要求，对自己打分并将分值填入表中。

表3-20 任务完成度评价表

任务	要求	权重	分值
终端设备绑定与接入	能够根据任务工单登录云平台，通过云平台的相关配置实现设备的入网绑定。进一步理解云计算的概念和三个层次的云服务，了解云计算关键技术和云计算发展历程	30	
云平台可视化组态	能根据系统设计图在云平台上设计可视化组态，一站式完成终端设备数据采集、实时控制、报警推送、分组管理、组态设计等功能	30	
数据监测与分析	能够根据在云平台上监测设备数据、设置报警策略，对报警事务进行处理，并对设备的历史数据进行分析	30	
项目总结	呈现项目实施效果，做项目总结汇报	10	

总结与反思

项目学习情况：
心得与反思：

项目 4

智慧社区物联网系统运维

项目概况 ▶

　　智慧社区是社区管理的一种新理念，是新形势下社会管理创新的一种新模式。它充分借助互联网、物联网技术，形成了基于海量信息和智能过滤处理的新的生活、产业发展、社会管理等模式，面向未来构建全新的社区形态。

　　智慧社区系统由智能门禁、智慧环境、智慧电梯、智能楼宇、智慧停车、智能灯控、移动支付、远程抄表、智能安防等部分组成，如图4-1所示。

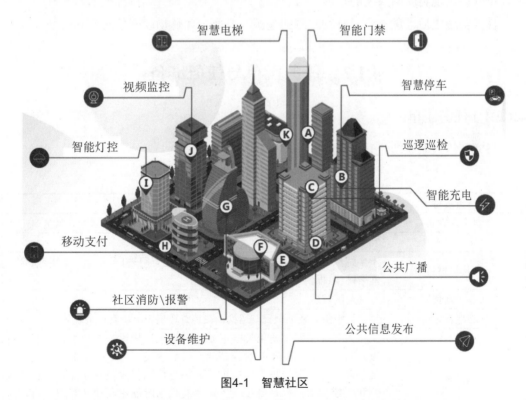

图4-1　智慧社区

　　本项目以物联网综合应用为背景，通过实践使读者能对物联网系统开展日常巡检，能够根据用户的需求与系统运行实际情况进行功能升级和性能优化，并能对运行中的物联网系统出现的故障进行检测、诊断与排除。

4.1 任务1 日常巡检与系统功能升级

4.1.1 任务描述

为了确保智慧社区物联网系统能持续、可靠地运行，现要求运维人员按照制度要求有计划地开展日常巡检，能根据实际需求调整和改造原有系统，不断优化功能，提升性能。

任务实施之前，需要认真研读任务工单和系统设计图，明确工作计划，认知社区智慧应用整体情况和物联网设施的所在位置，充分做好实施前的准备工作。

任务实施过程中采用日常巡检的方法，对照巡检表对处于运行系统的智慧安防和智慧环境两个子系统进行巡检；根据积水检测和巡检安全等新需求，通过增装水浸传感器和限位开关实现物联网系统的功能升级。

任务实施之后，进一步了解物联网的起源与发展，理解物联网的定义和特征。

4.1.2 任务工单与任务准备

4.1.2.1 任务工单

日常巡检与系统功能升级的任务工单如表4-1所示。

表4-1 任务工单

任务名称	日常巡检与系统功能升级		
负责人姓名	林××	联系方式	188××××××××
实施日期	2021年5月2日	预计工时	6h
工具与材料	十字螺丝刀2把，一字螺丝刀1把，数字式万用表1台，笔记本电脑1台，网络跳线1根，手电筒1把		
工作场地情况	社区全区域		
巡检计划	早上、中午、晚上一日三巡检，在巡查登记表上认真记录现场情况		
功能需求	工作人员在日常巡检中发现下暴雨时下水道排水速度很慢，社区道路很容易大量积水，不及时处理就会影响居民出行。为了能更好地服务社区群众，社区管理人员向项目方提出增加积水检测功能，能自动检测和监控积水情况，当出现一定量的积水时能主动通知管理人员，从而提升响应速度。为增强安全保障，在控制室门后安装一个限位开关，当门打开后，可使照明灯自动亮起		

续表

任务名称		日常巡检与系统功能升级
进度安排	巡检	① 8：30～9：00 巡检前准备，明确重点巡检内容； ② 9：00～12：00 开展全面巡检，做好相关记录； ③ 13：30～14：00 汇总巡检情况，提出改进措施
	功能优化	① 15：00～17：00在控制室安装限位开关
实施人员		以小组为单位，成员2人
结果评估（自评）		完成□ 基本完成□ 未完成□ 未开工□
情况说明		
客户评估		很满意□ 满意□ 不满意□ 很不满意□
客户签字		
公司评估		优秀□ 良好□ 合格□ 不合格□

4.1.2.2 任务准备

1. 了解社区智慧应用整体情况

在开展日常巡检与功能优化之前，物联网运维人员需对智慧社区物联网系统有一个整体了解。本任务所涉及的智慧社区由多个智慧子系统组成，它们分别是智慧安防子系统、智慧环境子系统、智慧医疗子系统、智慧门禁子系统、智慧导览子系统，如图4-2所示。

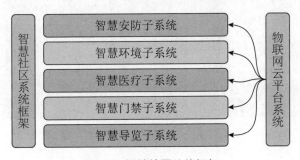

图4-2 智慧社区总体框架

各子系统的具体情况如下。

智慧安防子系统：为社区提供安全保障，获取和监控系统实时发送的各类警情，实现对社区的实时防卫。比如，当检测到有人员非法入侵时，报警灯闪烁，通知安保人员执行任务，确认执行完毕后可关闭报警灯。

智慧环境子系统：获取、报告、呈现社区内的各类环境数据，如温湿度、二氧化碳浓度等信息。

智慧医疗子系统：实现社区卫生室和周边社区的卫生资源、各类医院的资源协同。一方面完善社区居民健康档案及医疗卫生健康信息，为社区居民提供健康指导；另一方面，利用物联网技术实现远程医疗服务。

智慧门禁子系统：依托智慧安防子系统，提供人脸大数据支持，为社区管理提供人员筛查和出入管理服务。

智慧导览子系统：为小区外人员寻找相关建筑物提供指引，为社区居民车位管理提供智能的分析与引导。

2. 了解社区物联网设施的所在位置

图4-3所示为社区平面图，物联网设施的分布情况如下。

（1）1号点位置是社区安防子系统监控室（安保室）；

（2）2号点位置是社区环境子系统气象站；

（3）3、4、5、6、7号点位置是社区围墙，安放了激光对射传感器；

（4）8号点位置是社区广场。

图4-3　社区平面图

4.1.3　任务实施

4.1.3.1　解读任务工单

物联网运维人员携带日常巡检登记表，对智慧社区的各子系统进行日常巡检。巡检主要内容包括设备设施运行情况巡检、设备工作环境巡检等，如图4-4所示。

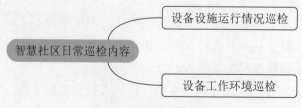

图4-4　日常巡检内容

物联网运维人员在日常巡检工作的基础上，认真阅读任务工单中有关功能需求的描述，确定实施方案，实现智慧社区系统的功能优化和性能提升，提高服务品质。

本任务仅以智慧安防和智慧环境子系统为例。

4.1.3.2　日常巡检

物联网运维人员按巡检计划对智慧社区各子系统依次开展日常巡检。在巡检过程中可直接处理部分简单的问题，上报暂时不能解决的问题，完成巡检表登记，形成重要的运维档案。

1. 日常巡检方法

处于运行状态的设备，其性能和状态的检查不仅要依靠设备的保护、监视装置、仪表指示等方式，更要依靠巡检人员的经验、工作责任心和巡检方法。巡检常用的方法如图4-5所示，包括"眼看""耳听""鼻嗅""手触"和"仪器检查"。

图4-5　巡检常用的方法

1）眼看

用双眼来检查设备看得见的部位，观察其外表以发现异常，是最基本的方法。常见的异常如设备烧毁、烧焦、松动、外壳破裂等。

2）耳听

带电运行的设备，无论是静止的还是运转的，很多都能发出表明其运行状况的声音。如电源的散热风扇会发出"嗡嗡"的声音，继电器的吸合会发出"嗒嗒"的声音。巡检人员随着经验和知识的积累，只要熟练地掌握一般设备正常运行时的声音情况，遇到异常时，用耳朵或借助听音就能判断设备的运行状况。

3）鼻嗅

鼻子是人的一个"向导"，对于某些气味（如绝缘层烧毁的焦糊味）的反应，比某些自动仪器还灵敏得多。嗅觉功能因人而异，但是对于设备设施由绝缘材料或半导体材料过热所产生的气味，正常人是可以辨别的。巡检人员在巡检过程中，一旦嗅到焦糊味，应立即寻找发热元件的具体部位，判别其严重程度，如是否有冒烟、变色及异音等情况。

4）手触

手触设备来判断缺陷和故障虽然是一种常用的方法。需要强调的是，必须分清可触摸的界限和部位，明确禁止用手触摸的部位。

5）仪器检查

巡检时使用便携式检测仪器，主要是测温仪、万用表等设备，可以及时简易地判断电源、热量等异常情况。

2. 智慧安防子系统巡检

表4-2为智慧安防子系统的日常巡检表，物联网运维人员可按表格所列设备名称逐一进行检查。现以安装在监控室控制柜里的多模链路控制器为例来说明具体的巡检步骤。

步骤1：整体检查设备的运行状态，若运行正常，则在"当前状态"中的"正常"选框中打"√"；若运行不正常，则在"故障"选框中打"√"；若情况无反判断，则在"未知设备详情"选框中打"√"。

步骤2：分项检查设备运行状态及周边环境，检查项包括"网络连接是否正常""工作指示灯是否正常""安装是否牢固""外壳是否发热""RS-485通信是否正常""周边有无漏水或积水"及"设备是否积灰"，每完成一项就在该检查项前面的选框中打"√"，以防止漏检。

步骤3：在整体检查和分项检查的基础上，将存在问题和处理过程记录在"情况与处理"单元格中；像设备积灰等小问题巡检人员一般可以直接处理，暂不能处理的须做好记录，严重且紧急的问题在做好登记后还要及时上报至主管。

表4-2 智慧安防子系统日常巡检表

项目名称：智慧安防子系统				编号：	
日期：		时间：		巡检员：	
序号	设备名称	位置	设备运行情况	巡检点	情况与处理
1	报警灯	监控室	当前状态： □正常 □故障 □未知设备详情	□安装是否牢固 □线路是否脱落 □线路是否老化 □亮度是否达标 □周边有无漏水或积水 □设备是否积灰	
2	多模链路控制器	监控室控制柜	当前状态： □正常 □故障 □未知设备详情	□网络连接是否正常 □工作指示灯是否正常 □安装是否牢固 □外壳是否发热 □RS-485通信是否正常 □周边有无漏水或积水 □设备是否积灰	

项目名称：智慧安防子系统				编号：	
日期：		时间：		巡检员：	
序号	设备名称	位置	设备运行情况	巡检点	情况与处理
3	单模链路控制器	监控室控制柜	当前状态： □正常 □故障 □未知设备详情	□网络连接是否正常 □RS-485通信是否正常 □固定是否牢固 □外壳是否发热 □周边有无漏水或积水 □设备是否积灰	
4	激光对射传感器	社区围墙	当前状态： □正常 □故障 □未知设备详情	□输出信号是否正常 □电源供电是否正常 □安装是否牢固 □周边有无漏水或积水 □设备是否积灰	
5	人体红外传感器	社区多区域	当前状态： □正常 □故障 □未知设备详情	□输出信号是否正常 □电源供电是否正常 □安装是否牢固 □周边有无漏水或积水 □设备是否积灰	

3. 智慧环境子系统巡检

表4-3为智慧环境子系统的日常巡检表，物联网运维人员可按该表格所列设备名称逐一进行检查。现以安装在社区气象站里的温湿度传感器为例来介绍具体的巡检步骤。

步骤1： 整体检查设备的运行状态，若运行正常，则在"当前状态"中的"正常"选框中打"√"；若运行不正常，则在"故障"选框中打"√"；若情况无法判断，则在"未知设备详情"选框中打"√"。

步骤2： 分项检查设备运行状态及周边环境，检查项包括"电源供电是否正常""温度输出信号是否正常""湿度输出信号是否正常""安装是否牢固""RS-485通信是否正常""周边有无漏水或积水"及"设备是否积灰"，每完成一项就在该检查项前面的选框中打"√"，以防止漏检。

步骤3： 在整体检查和分项检查的基础上，将存在问题和处理过程记录在"情况与处理"单元格中；像设备积灰等小问题巡检人员一般可以直接处理掉，暂不能处理的须做好记录，严重且紧急的问题在做好登记后还要及时上报至主管。

表4-3 智慧环境子系统日常巡检表

项目名称：智慧环境子系统				编号：	
日期：		时间：		巡检员：	
序号	设备名称	位置	设备运行情况	巡检点	情况与处理
1	报警灯	监控室	当前状态： □正常 □故障 □未知设备详情	□安装是否牢固 □线路是否脱落 □线路是否老化 □亮度是否达标 □周边有无漏水或积水 □设备是否积灰	
2	温湿度传感器	社区气象站	当前状态： □正常 □故障 □未知设备详情	□电源供电是否正常 □温度输出信号是否正常 □湿度输出信号是否正常 □安装是否牢固 □RS-485通信是否正常 □周边有无漏水或积水 □设备是否积灰	
3	二氧化碳传感器	社区气象站	当前状态： □正常 □故障 □未知设备详情	□电源供电是否正常 □输出信号是否正常 □安装是否牢固 □RS-485通信是否正常 □周边有无漏水或积水 □设备是否积灰	
4	多模链路控制器	社区气象站控制柜	当前状态： □正常 □故障 □未知设备详情	□网络连接是否正常 □工作指示灯是否正常 □安装是否牢固 □外壳是否发热 □RS-485通信是否正常 □周边有无漏水或积水 □设备是否积灰	
5	单模链路控制器	社区气象站控制柜	当前状态： □正常 □故障 □未知设备详情	□网络连接是否正常 □RS-485通信是否正常 □固定是否牢固 □外壳是否发热 □周边有无漏水或积水 □设备是否积灰	

4.1.3.3 系统功能升级

1. 增加积水检测功能

社区物联网运维人员日常巡检发现大暴雨之后许多设备所在场所有积水现象，安全隐患突出，同时部分道通积水也会造成居民出行不便。为了提升社区的智能化水平和服务质量，现要求对原有物联网系统进行功能升级，当有一定量的积水时，系统根据积水的区域特性，能够有区分地将信息反馈至物业管理人员、物联网运维人员和社区居民的信息终端上。图4-6为智慧社区物联网系统电气原理图。

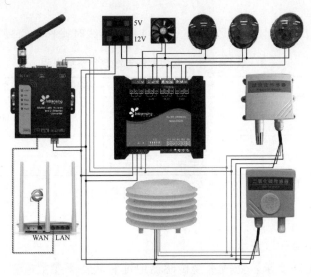

图4-6　智慧社区物联网系统电气原理图

1）确定方案

根据新需求，物联网运维人员计划在原有系统的基础上增加一批水浸传感器。将它们安装在低洼区域、重要通道、设备间等区域，用以检测积水量，当积水量达到设定的阈值时报警。添加水浸传感器后的电气原理图如图4-7所示。

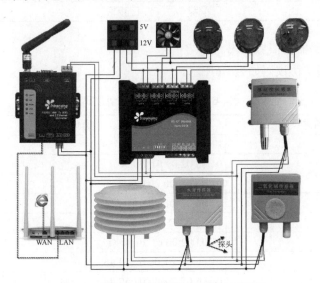

图4-7　添加水浸传感器后的电气原理图

2）做好准备

明确升级要求，了解升级实施环境情况，完成设备选型，准备好相关工具和足量的耗材，安排好人员分工和时间进度。

注意： 水浸传感器的电源接口为宽电压输入，输入电压在10～30V均可。另外传感器的RS-485通信导线接线时，需注意A、B两条信号线不能接反，且总线上多台设备间的地址不能冲突。

认真观察水浸传感器导线线色情况（表4-4），接线时操作务必规范安全。

表4-4　水浸式传感器导线颜色参考说明

导线颜色	功能说明	备注
棕色	电源正极	DC 10～30V
黑色	电源负极	
黄色	RS-485-A	
蓝色	RS-485-B	

说明：不同类型、批次传感器的线色有所不同。

3）实施落实

（1）水浸传感器配置要求。

按照表4-5列出的要求，完成水浸传感器地址和波特率参数配置，并将当前检测到的水浸传感器状态填入表中。水浸传感器的安装与配置方法可参照任务1.2。

表4-5　水浸传感器配置要求

项目	具体要求
地址设置	20
波特率设置	9600b/s
当前水浸传感器状态	□报警　　　□正常

（2）水浸传感器通信协议码。

水浸传感器通信协议码如表4-6所示。

表4-6　水浸传感器通信协议码说明

功能描述	通信协议码
地址问询码	FF 03 07 D0 00 01 91 59
地址应答码	01 03 02 00 01 79 84
地址修改码	01 06 07 D0 00 02 08 86
地址修改应答码	01 06 07 D0 00 02 08 86
波特率问询码	FF 03 07 D1 00 01 C0 99
波特率问询应答码*	01 03 02 00 01 79 84
波特率修改码*	01 06 07 D1 00 02 59 46
波特率修改应答码*	01 06 07 D1 00 02 59 46
水浸状态问询码	01 03 00 02 00 01 25 CA
水浸状态应答码**	01 03 02 00 01 79 84

*波特率对应值：00 表示 2400b/s；01 表示 4800b/s；02表示9600b/s。

** 第 4、5 字节为数据区。水浸状态代码：0x01 表示正常，0x02 表示报警。

（3）问询水浸传感器的状态。

使用SSCOM串口调试工具获取水浸传感器在当前环境中所感知到的积水状态，具体步骤如下。

步骤1：查表4-6，可知水浸传感器通信协议的水浸状态问询码为"01 03 00 02 00 01 25 CA"。水浸问询码的最后2字节的十六进制数"25 CA"为CRC校验码。

步骤2：根据传感器的实际地址，在串口调试工具的数据发送区中输入"11 03 00 02 00 01"，"加校验"框中将自动产生"27 5A"CRC校验码，如图4-8所示。问询码中的"11"是目前传感器的实际地址。

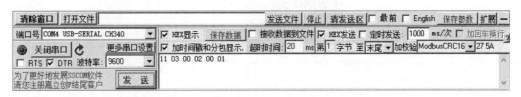

图4-8 输入水浸传感器状态问询码

步骤3：单击"发送"按钮，上方主窗口呈现"发→◇11 03 00 02 00 01 27 5A"提示信息，表示发送成功，并能迅速收到问询应答码。若收到的问询应答信息为"收→◇01 03 02 00 01 79 84"，第4、5字节的十六进制数"00 01"为水浸传感器当前状态，"01"表示正常。

知识链接：水浸传感器及分类

　　水浸传感器是检测被测范围是否发生漏水与是否存在积水的传感器，一旦发生漏水或积水，立即发出警报，防止漏水事故与积水事故造成损失和危害。水浸传感器广泛应用于数据中心、通信机房、发电站、仓库、档案馆等一切需要防水的场所，根据封装形式的不同可应用于社区或企业的地势低洼区域。水浸传感器主要分为接触式水浸传感器和非接触式水浸传感器，具体工作原理与区别如下。

　　接触式水浸传感器：利用液体导电原理进行检测。环境正常时两极探头被空气绝缘；在浸水状态下探头导通，传感器输出干接点信号。当水接触到传感器探头时，主控芯片通过计算磁场变化准确判定状态并作出处理。传感器可接点式探头、普通漏水绳等。

　　非接触式水浸传感器：利用光在不同介质截面的折射与反射原理进行检测。塑料半球内放置有LED和光电接收器，当探测器置于空气中时，因全反射，绝大部分LED光被光电接收器接收；当液体靠近半球表面时，由于光的折射，光电接收器接收到的LED光将会减少，从而输出也发生改变。适合于部署在一般腐蚀导电液体易泄露的地点。

2. 增强巡检安全保障

日常巡检时，巡检人员经常要进入控制室，由于照明灯的控制开关往往不在门口，导致他们需在"暗室"操作，可能会造成极大的安全问题。为保障巡检人员安全和提升巡检效率，需要在控制室门后位置增设一个限位开关，当门打开后门板压住限位开关，使照明灯自动亮起。限位开关照明原理图如图4-9所示。

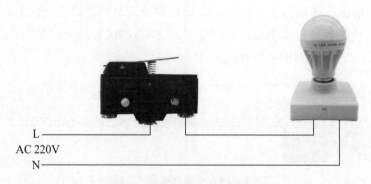

图4-9　限位开关照明原理图

注：限位开关支持强电和弱电，若接入强电，需使用封闭式（盒式）限位开关。为阐述原理并保障实训过程的安全，此处使用开放式限位开关，驳接实训系统提供的安全弱电线路。

限位开关的具体安装步骤如下。

步骤1：要控制室大门后面寻找一个合理的位置，固定限位开关，如图4-10所示。

步骤2：观察限位开关的3个接线柱，分别是公共端"COM"、常开"NO"和常闭"NC"，如图4-11所示，根据需求将控制线接入至"COM""NO"两个接线柱，具体接法如图4-12所示。

图4-10　固定限位开关　　　图4-11　限位开关接线柱　　　图4-12　限位开关接入导线

知识链接：限位开关

限位开关，又称位置开关，是一种工业上常用的小电流主令电器。它利用产生机械运动的部件的碰撞使其触头动作来实现接通或断开控制电路，达到一定的控制目的。通常，这类开关被用来限制机械运动的位置或行程，使运动机械按一定位置或行程自动停止、反向运动、变速运动或自动往返运动等。

4.1.3.4　功能检测与验证

1. 使用万用表检测线路

将万用表黑表笔插进"COM"孔、红表笔插进"VΩ"孔中，挡位切换到蜂鸣挡，检测线路中是否断线。若线路通断正常，蜂鸣器会发出"嘀嘀"声；反之则不发声。在正式通电之前，将万用表挡位切换到直流电压挡，测量供电电源输出电压，检测电压是否正常。检测正常后才可以对传感器进行正式通电测试。

2. 功能验证

1）水浸传感器功能验证

当水浸传感器安装与检测完成后，需要在现场对功能进行验证。首先，将足量的水注入到指定的低洼区域，使该区域产生积水。然后，观察物联网云平台数据监控大屏"积水报警灯"是否处于报警状态，如图4-13所示，若发出警报则表示积水检测功能有效，反之则表示无效。

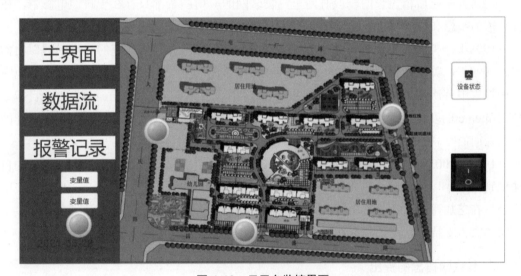

图 4-13　云平台监控界面

2）限位开关功能验证

使用万用表，将挡位拨至蜂鸣挡，红表笔接"COM"接线柱，黑表笔接"NO"接线柱，用手压住限位开关，观察万用表是否能发出"嘀嘀"声，如果能发声则表示此限位开关功能正常，可以使用，反之则需要更换。

对于限位开关的功能验证也可以采用现场开关门来实现，即观察能否通过限位开关正常控制照明灯的亮灭。当门打开压住限位开关时，照明灯点亮，表示功能正常；若照明灯不亮，则表示失败，此时需要根据原理图进行故障排查。

4.1.4   知识提炼

4.1.4.1   物联网的起源与发展

1. 物联网设想

18世纪中期，以蒸汽机为代表的第一次工业革命开创了人类的大机器工业时代；19世纪后期到20世纪中叶，以电动机为代表的第二次工业革命使人类进入了电气化时代；20世纪下半叶，以互联网、计算机为代表的第三次工业革命迅速席卷全球，世界进入信息化时代；21世纪提出的物联网，将引发更具影响力的第四次工业革命。

早在1995年，比尔·盖茨在《未来之路》一书中就曾预言了物联网的实现："人们可以佩戴一个电子饰针与房子相连，电子饰针会告诉房子你是谁，你在哪，房子将用这些信息尽量满足你的需求。当你沿着大厅走路时，前面的光会渐渐变强，身后的光会渐渐消失，音乐也会随着你一起移动。"但受限于技术的发展，物联网在当时未引起广泛关注，而且在此后相当长的一段时间里，物联网的应用图景都只存在于科幻电影中，在科学家的畅想和描述中。

1998年，美国麻省理工学院创造性地提出了当时被称作EPC系统的"物联网"的构想。1999年，美国麻省理工学院Auto-ID研究中心的创建者之一Kevin Ashton教授在他的一份报告中首次使用了"Internet of Things"这个短语。事实上，Auto-ID中心的目标就是在Internet的基础上建造一个网络，实现计算机与硬件设备、软件、协议等各种各样的物品之间的互联。

1999—2003年，与物联网相关的研究工作都局限于实验室中，聚焦于物品身份的自动识别问题，以如何减少识别错误和提高识别效率为工作重点。2003年，"EPC决策研讨会"在芝加哥召开。作为关于物联网的第一次国际会议，该研讨会得到了全球90多个公司的大力支持。从此，物联网相关工作开始走出实验室。

2. 物联网概念的提出

2004年日本总务省（MIC）提出u-Japan计划，该计划力求实现人与人、物与物、人与物之间的连接，希望将日本建设成一个随时、随地、任何物体、任何人均可连接的泛在网络社会。

2005年，国际电信联盟发布了《ITU互联网报告2005：物联网》（以下简称"报告"），正式提出物联网的概念。该报告指出，无所不在的"物联网"通信时代即将来临，世界上所有物体都可以通过互联网主动进行信息交换。从此以后，物联网获得跨越式的发展，中国、美国、日本以及欧洲一些国家纷纷将发展物联网基础设施列为国家战略发展计划的重要内容。

3. 物联网概念的深化

2009年初，美国国际商业机器公司（IBM）提出"智慧的地球"概念，认为信息产业下一阶段的任务是把新一代的信息技术充分运用在各行各业中，具体来说就是把传感器嵌入和装备到电网、铁路、桥梁、隧道、公路、建筑、供水系统、大坝、油气管道等各种物体中，并且普遍连接，形成物联网。

2009年6月，欧盟在比利时首都布鲁塞尔向欧洲议会、欧洲理事会、欧洲经济与社会委员会和地区委员会提交了以《物联网——欧洲行动计划》为题的公告，其目的是希望欧洲通过构建新型物联网管理框架来引领世界物——联网发展。

欧盟委员会提出物联网的三方面特性：

第一，不能简单地将物联网看作互联网的延伸，物联网建立在特有基础设施上，将是一系列新的独立系统。当然，部分基础设施仍要依存于现有的互联网。

第二，物联网将伴随新的业务共同发展。

第三，物联网包括了多种不同的通信模式，包括物与人通信、物与物通信和机对机通信（M2M）等。

2009年8月，国务院总理温家宝来到中科院无锡研发中心考察，指出关于物联网可以尽快去做三件事：一是把传感系统和3G中的TD技术结合起来；二是在国家重大科技专项中，加快推进传感网发展；三是尽快建立中国的传感信息中心，或者叫"感知中国"中心。

2010年3月，国务院总理温家宝在《政府工作报告》中，将"加快物联网的研发应用"明确纳入《政府工作报告》中，表明物联网已经被提升为国家战略，中国开启物联网元年。

4.1.4.2　物联网的定义

物联网（Internet of Things，IoT）是指通过射频识别（RFID）装置、红外感应器、全球定位系统、激光扫描器等信息传感设备，按照约定的协议，把任何物品与互联网连接起来，进行信息交换和通信，以实现智能化识别、定位、跟踪、监控和管理的一种网络。当每个而不是每种物品能够被唯一标识后，利用识别、通信和计算等技术，在互联网基础上构建的连接各种物品的网络，就是人们常说的物联网，如图4-14所示。

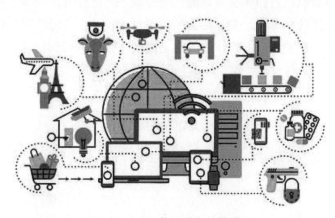

图4-14　"万物互联"的物联网

物联网有两层含义：第一，物联网的技术和支撑仍然是功能强大的计算机系统，它是以计算机网络为核心经延伸和扩展而形成的网络；第二，其用户端已延伸和扩展到了众多物品与物品之间，这些物品可以通过各种信息传感设备与互联网络连接在一起，进行更为复杂的信息交换和通信。

物联网的"物"要满足以下条件才能够纳入"物联网"的范围：要有数据传输通道；要有一定的存储功能；要有CPU；要有操作系统；要有专门的应用程序；要遵循物联网的通信协议；在世界网络中有可被识别的唯一编号。

4.1.4.3 物联网的特征

物联网是通过各种感知设备和互联网来连接物体与物体的，以实现物体间全自动化、智能化地信息采集、传输与处理，并可随时随地管理的一种网络。

一般认为，物联网具有全面感知、可靠传递、智能处理三大特征。

1. 全面感知

全面感知即利用RFID、传感器、二维码等随时随地获取物体的信息。从数据采集层面来讲，采集方式众多，可实现数据采集多点化、多维化、网络化；从感知层面来讲，不仅表现在对单一的现象或目标进行多方面的观察获得综合的感知数据，也表现在对现实世界各种物理现象的普遍感知。

2. 可靠传递

可靠传递是指通过各种承载网络，包括互联网、电信网等公共网络，以及电网和交通网等专用网络，建立起物联网内实体间的广泛互联（具体表现在各种物体经由多种接入模式实现异构互联，错综复杂，形成"网中网"的形态），将物体的信息实时准确地相互传递。

3. 智能处理

智能处理指利用云计算、模糊识别和数据融合等各种智能计算技术，对海量数据和信息进行处理、分析以及对物体实施智能化的控制。智能处理主要体现在物联网中从感知到传输到决策应用的信息流，并最终为控制提供支持，也广泛体现出物联网中大量的物体和物体之间的关联和互动。物体间的互动经过从物理空间到信息空间，再到物理空间的过程，形成感知、传输、决策、控制的开放式的循环。

4.1.5　任务评估

任务完成后，施工人员请根据任务完成情况进行相互检查、评价并填写任务评估表（表4-7）。

表4-7　任务评估表

检查内容	检查结果		满意率		
日常巡检是否正常记录登记	是□	否□	100%□	70%□	50%□
日常巡检的方法是否掌握	是□	否□	100%□	70%□	50%□
水浸传感器接线是否正确	是□	否□	100%□	70%□	50%□
水浸传感器接线是否美观	是□	否□	100%□	70%□	50%□
导线延长线是否存在露铜现象	是□	否□	100%□	70%□	50%□
水浸传感器电源供电是否正确，RS-485通信导线连接是否正确	是□	否□	100%□	70%□	50%□
计算机与水浸传感器是否能正常通信	是□	否□	100%□	70%□	50%□
水浸传感器地址和波特率配置是否正确	是□	否□	100%□	70%□	50%□
水浸传感器是否能正常报警	是□	否□	100%□	70%□	50%□
完成任务后使用的工具是否摆放、收纳整齐	是□	否□	100%□	70%□	50%□
完成任务后工位及周边的卫生环境是否整洁	是□	否□	100%□	70%□	50%□

4.1.6　拓展练习

▶ 理论题：

1. 限位开关的"COM"端是指（　　）。

A. 公共端　　　　　　　　　　　B. 常开端

C. 常闭端　　　　　　　　　　　D. 正极

2. 水浸传感器的输出信号是（　　）。

A. 模拟量信号　　　　　　　　　B. 数字量信号

C. 电压信号 11　　　　　　　　　D. 电阻信号

3. 以下哪种方法是巡检常用的方法？（　　）

A. 仪器检查　　　　　　　　　　B. 2人讨论

C. 巡检登记　　　　　　　　　　D. 发现问题马上着手解决

4. 限位开关又称（　　）开关。

A. 位置开关　　　　　　　　　　B. 行程开关

C. 微动开关　　　　　　　　　　D. 普通开关

5. 物联网的特征是（　　）。

A. 智能处理

B. 全面感知

C. 可靠传递

D. 全面感知、可靠传递、智能处理

▶ 简答题：

一般用户对传感器的性能要求有哪些？

▶▶ **操作题：**

在设备间门口安装限位开关后，解决了巡检照明问题，同时也增加了安全性，但是如果门后没有安装磁性门吸，也会在不经意间将门关闭，导致照明灯自动熄灭。如果现场提供了一个时间继电器，你能否将它增设到系统中，有效解决该问题，并列举出具体的操作步骤？

4.2 任务2 系统故障检测与排除

4.2.1 任务描述

因社区物联网系统出现故障，急需物联网运维人员小林在现场根据任务工单所描述的情况进行故障分析、检测，并排除故障，确保系统正常运行。

任务实施之前，需认真研读任务工单，分析故障现象，充分做好实施前的准备工作。

任务实施过程中，依次按照电源、网络、通信、开路、设备损坏等不同的故障类别，使用万用表、示波器等仪表设备，采用相应的故障检测方法来检测和排除故障，让系统恢复正常。在排除故障过程中一定要仔细、冷静地判断系统故障，充分体现大国工匠的工匠精神。

任务实施之后，进一步了解物联网的起源与发展，理解物联网的定义与特征。

4.2.2 任务工单与任务准备

4.2.2.1 任务工单

系统故障检测与排除的任务工单如表4-8所示。

表4-8 任务工单

任务名称	系统故障检测与排除		
负责人姓名	林××	联系方式	138×××××××
实施日期	20××年××月××日	预计工时	6h
系统故障描述	巡检工作人员在巡检时发现：物联网云平台的监控大屏上没有温湿度数据；云端控制外设的功能失效；小区入侵检测功能失效。为了保障社区安全，需要进行一次针对性的检查，从而进一步确认和排除故障，让系统能正常运行		
工具与材料	十字螺丝刀2把，一字螺丝刀1把，数字式万用表1台，配置用笔记本电脑/台式计算机1台，串口调试助手工具及驱动1套		
工作场地情况	社区范围，室内和室外		
进度安排	① 8：30～11：30确定故障范围； ② 13：00～14：00确定故障位置； ③ 14：00～16：00排除故障，交付用户使用		
实施人员	以小组为单位，成员2人		
结果评估（自评）	完成□　　基本完成□　　未完成□　　未开工□		

任务名称	系统故障检测与排除			
情况说明				
客户评估	很满意□	满意□	不满意□	很不满意□
客户签字				
公司评估	优秀□	良好□	合格□	不合格□

4.2.2.2　任务准备

明确任务要求，了解任务实施环境情况，准备好相关工具和测试仪表，安排好人员分工和时间进度。

4.2.3　任务实施

4.2.3.1　解读任务工单

运维人员使用检测工具，如数字式万用表和RS-485信号转接模块等，在社区物联网控制系统所在的场所，分析故障现象，检测运行状态，明确故障范围，找到故障点，继而排除故障，确保系统正常运行。故障排除后，将正常运行的系统交付用户使用，并做好相关记录。

系统故障一般可以按照故障现象进行分类，例如电源类故障、网络类故障、通信类故障、物理开路故障、设备损坏故障等，如图4-15所示。

图4-15　系统故障分类

图4-16是故障状态下的云平台监控界面。

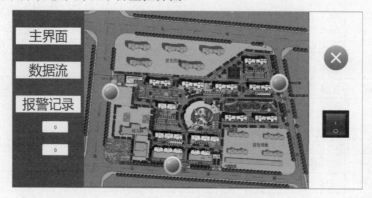

图4-16　云平台监控图

知识链接：系统故障诊断

　　系统故障诊断与医学诊断类似。人生了病需要求医就诊，同样，无论是电气设备还是机械设备在运行中产生故障，也需要"医生"去帮助分析和诊断病因，机械设备的故障诊断技术是模拟医学界的疾病诊断思路提出来的。人体疾病在病理上是经过一系列复杂的物理、生化变化形成，通过人的各部位器官和组织反映出一定症状。对病人的医疗过程，首先经过各种理化检验，根据检查结果和病史、症状的表现，利用医生的知识和经验，诊断出病人的疾病类型、性质和程度，然后对症下药，采取有效的治疗措施。对于电气设备的故障诊断也有同样的"疾病诊疗"过程，第一步要根据设备在运行中已暴露的或潜在的故障现象，如电源、通信、网络、接触问题等，采用相应的信号检测和分析方法，监测到能够反映设备或系统运行状态的参数（称为特征参数），获取有关设备"健康"状况的信息，了解其工作正常或不正常。第二步是收集与故障分析有关的设备制造、安装和操作运行的状态参数记录数据，利用领域专家或工程技术人员的知识和经验，用一定的诊断方法和手段，诊断出设备故障的性质、类型、部位和程度，分析故障产生的原因，提出相应的治理措施，最终能全部或部分排除故障，保证设备安全、有效地运行。

4.2.3.2　电源类故障分析

　　万用表是检测电源故障的常用工具，可以使用它对系统电源、各类传感器电源、终端电源、输入信号、输出信号等进行一一检测。

1．系统电源检测

可使用万用表对系统配电箱进行电压检测。

　　步骤1： 打开断路器，将万用表挡位拨至"～V"交流电压挡，红表笔搭接开关电源电压输入端"L"接线柱，黑表笔搭接至开关电源"N"接线柱，若万用表显示屏显示的电压值为AC 220～230V，则为正常，如图4-17所示。

　　步骤2： 将万用表挡位拨至"‾V"直流电压挡，红表笔搭接开关电源电压输出端"+V"接线柱，黑表笔搭接至开关电源"COM"接线柱，若万用表显示屏所显示的电压值为DC 11～13V，则为正常，如图4-18所示。

图4-17　开关电源输入电压测试

图4-18　开关电源输出电压测试

知识链接：开关电源

开关电源（Switch Mode Power Supply，SMPS），又称交换式电源、开关变换器，是一种高频化电能转换装置，是电源供应器的一种。其功能是将一个位准的电压，通过不同形式的架构转换为用户端所需求的电压或电流。开关电源的输入多半是交流电源（例如市电）或是直流电源，输出多半是需要直流电源的设备，例如个人计算机，开关电源就在两者之间进行电压及电流的转换。

开关电源不同于线性电源，开关电源利用的切换晶体管多半是在全开模式（饱和区）及全闭模式（截止区）之间切换，这两种模式都有低耗散的特点，切换之间的转换会有较高的耗散，但时间很短，因此比较节省能源，产生废热较少。理想情况下，开关电源本身是不会消耗电能的，其电压的稳压通过调整晶体管导通及断路的时间来实现。相反地，线性电源在产生输出电压的过程中，晶体管工作在放大区，本身会消耗电能。开关电源的高转换效率是其一大优点，而且因为其工作频率高，可以使用小尺寸、轻重量的变压器，因此开关电源比线性电源的尺寸要小，重量也会比较轻。

2. 传感器电源检测

智慧社区物联网系统使用了温湿度传感器、二氧化碳传感器、激光对射传感器等设备，本任务以对二氧化碳传感器电源的电压检测为例来说明检测方法。

二氧化碳传感器电源的棕色导线连接正极，蓝色导线连接负极。将万用表红表笔搭接至棕色导线接头处，黑表笔搭接至蓝色导线接头处，观察表显电压值，若万用表显示屏显示的电压值为DC 11～13V，则为正常，如图4-19所示。

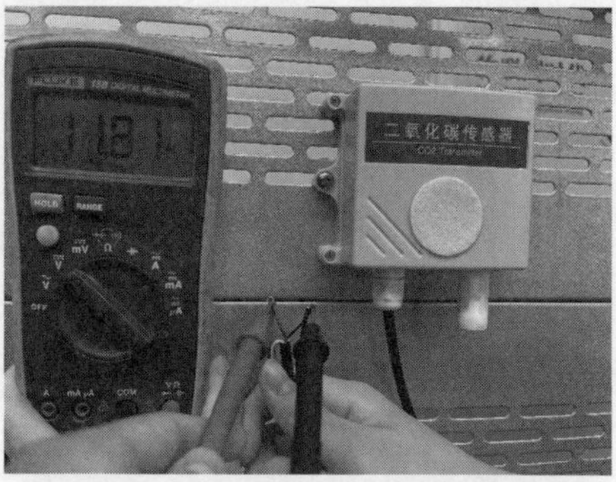

图4-19　二氧化碳传感器电源电压检测

3. 终端电源检测

智慧社区物联网系统使用了多模链路控制器、联动控制器、单模链路控制器等终端设备，本任务以对多模链路控制器电源的电压检测为例来说明终端电源电压检测方法。将万用表红表笔搭接至多模链路控制器的电源正极（+）接线柱，黑表笔搭接至电源负极（-）接线柱，观察表显电压值，若万用表显示屏显示的电压值为DC 11～13V，则为正常，如图4-20所示。

图4-20　多模链路控制器电源电压检测

4.2.3.3 网络类故障分析

智慧社区采用了以太网通信技术，通过多模链路控制器或单模链路控制器与以太网组成的网络将所采集到的数据传输到物联网云平台。如果以太网出现问题，就会导致服务中断。一般情况下，引发网络故障的主要原因有双绞线物理开路、外网断网、RJ-45接口接触不良等。

1. 双绞线检测

观察双绞线的外观，检查绝缘层和RJ-45接头是否存在破损或其他情况。在此基础上，再使用网络测试仪对双绞线进行通断测试，具体方法见项目2、任务3。

2. 外部网络检测

外部网络是否正常连通直接关系物联网云平台能否正常工作，可使用"ping"命令进行检测。

首先按下键盘上的【Win】+【R】键，屏幕上会出现命令运行窗口，如图4-21所示。然后在该窗口中输入"CMD"命令，如图4-22所示，单击"确定"按钮后将弹出命令提示符窗口，如图4-23所示。

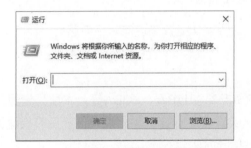
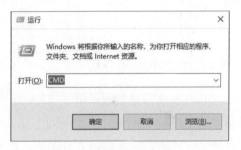

图4-21 命令运行窗口　　　　　　　图4-22 输入"CMD"命令

图4-23 命令提示符窗口

输入一个用于测试的网址，例如"ping www.baidu.com -t"。如果命令返回的提示信息如图4-24所示，则表明外部网络连接正常；若返回的结果如图4-25所示，则表明网络连接不正常。

图4-24　网络连接正常的状态

图 4-25　网络连接不正常的状态

此时可以判断计算机的网卡、网络跳线或路由器IP配置等可能存在问题。

4.2.3.4　通信类故障分析

物联网系统常见的通信协议有RS-485、RS-232、ZigBee、LORA等。本项目选用的设备多采用RS-485通信协议，下面主要针对这类设备进行分析。此类设备常见的故障主要有通信导线断路、传感器本身损坏、设备供电异常等。

物联网系统中采用RS-485通信协议的设备有多模链路控制器、联动控制器、温湿度传感器、激光对射传感器、二氧化碳传感器等。分析与检测设备通信故障主要有两种形式：一是单独对设备进行通信检测；二是在系统完整的情况下从多模链路控制器或单模链路控制器的通信端以地址的方式进行通信检测。从准确性上来讲，单独对设备进行通信检测会更加准确一些。

1．通信线路检测

使用万用表，将挡位拨至蜂鸣挡，红表笔搭接至温湿度传感器黄色导线（RS-485-A）接线头处，黑表笔搭接至多模链路控制器"A"接线端子，此时如万用表发出"嘀嘀"的声音且电阻为0，说明该条导线无断路故障。对蓝色（RS-485-B）导线与黄色导线采用同样的方法测试，如图4-26所示。用此方法依次对二氧化碳传感

图4-26　传感器通信导线检测

器、水浸传感器等设备逐一进行检测。

2. 数据通信检测

数据通信的检测步骤如下。

步骤1：将USB TO 485 CABLE模块连接至联动控制器的A、B信号输入口，对设备进行通电测试，通电正常后进入下一步的操作。

步骤2：将USB TO 485 CABLE模块接入计算机上的USB端口，运行ssom串口调试助手，建立与RS-485设备的通信。

步骤3：在串口调试框中输入地址访问码，测试能否正常问询到传感器地址，如图4-27所示。

端口号 COM4 Intel (R) Active Manag
关闭串口
更多串口设置
RTS DTR 波特率: 4800
为了更好地发展SSCOM软件
请您注册嘉立创F结尾客户
发 送
HEX显示 保存数据 接收数据到文件 HEX发送 定时发送: 1000 ms/次 加回车换行
加时间戳和分包显示, 超时时间: 20 ms 第1 字节 至 末尾 加校验 ModbusCRC16 91 59
FF 03 07 D0 00 01

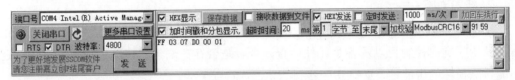

图4-27 问询码测试

步骤4：查看主窗口的应答码，观察是否能正常问询到地址信息，如图4-28所示。

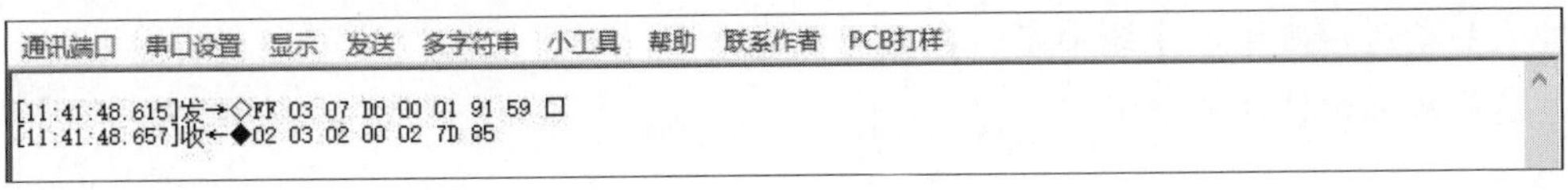
通讯端口 串口设置 显示 发送 多字符串 小工具 帮助 联系作者 PCB打样
[11:41:48.615]发→◇FF 03 07 D0 00 01 91 59 □
[11:41:48.657]收←◆02 03 02 00 02 7D 85

图4-28 应答码反馈

4.2.3.5 开路故障分析

开路故障常见的现象是导线接触不良、导线断开、接线柱螺丝变松等。检测开路故障的方法有分段测量法和中间选点法。

1. 分段测量法

此测试方法与RS-485通信检测方法一样，使用万用表对相应的通路进行测量，测量挡位主要以蜂鸣挡和电阻挡为主。使用蜂鸣挡测量通断时，断路时它不会发出声音，通路时会发出“嘀嘀”声；使用电阻挡测量时，断路时表显电阻值为无穷大，通路时表显电阻值为Ω。

2. 中间选点法

当需确定的故障范围较广，线路较长或经过的接电、接线端子较多时，可采用此方法。先将故障线路分为两半，在中间处选一点进行测试判断，这样可将故障范围缩小一半。以此类推，逐步缩小测试范围。

4.2.3.6 设备损坏故障分析

任何一个系统长时间使用后，都有可能存在器件损坏、烧毁等情况，作为工程人员，必须要具备一定的判断能力，能够快速、准确地判断出设备是损坏还是其他因素引起的故障。

本节主要介绍如何通过"望""闻""问""切"来快速解决问题。

1. 外观检查——"望"

工程师到现场后，第一时间就要去观察控制系统中的设备状态，例如是否存在拆卸、外观损坏、设备掉落、导线掉落等情况。

2. 烧毁判断——"闻"

电子设备或电子元件如存在烧毁情况，就会产生烧焦的气味。在对外观检测结束后，使用嗅觉对控制柜以及各个元件检查，查看是否存在烧焦的情况，如果不存在，还不能排除损坏的可能性，必须进一步排查。

3. 现场询问——"问"

故障分析过程中，现场询问非常重要，询问内容包括是否存在大规模断电、有无其他人员动过控制箱、系统中是否存在电弧等情况，通过现场询问可为判断提供更多依据，这样故障定位才能准确。

4. 热态测试——"切"

这种检查方法是首先给系统上电，观察系统启动、设备运行是否正常，用手背对系统中的终端设备、传感器设备等的外部进行温度判断，查看是否存在发热或过热的情况。现场如有红外温度计供使用则更佳。

知识链接：故障诊断的特性

多故障并发性：由于各行各业设备中的零部件繁多以及智能系统多产品、多类别，所以不可避免地存在多个故障同时存在的可能。通过有效方法把各个故障的特征准确地表达出来，是目前设备故障诊断技术的"瓶颈"。在多故障模式的故障诊断中，由于故障类型的多样性，故障特征向量的复杂性，故应建立多种故障模式下的判断原则和判断标准，掌握多个故障模式间的向量关系。然后综合分析多故障模式下的征兆和状态，弄清楚设备故障性质、程度、类别、部位及产生的原因。多故障诊断是设备诊断的一个关键问题。

层次性：设备或系统一旦表现出某种故障现象（或称"征兆"），就需要追查引起故障的原因（或称"症状""病症"）。但是有些故障原因往往存在于深层次，即上一层次的故障源于下一层次的故障，表现为多层性。

不确定性：设备工作时，受到多种环境条件的影响，它们的状态劣化趋势表现是各不相同的。不仅不同的工艺类型和设备，表现不同的故障类型，即使在相同的生产工艺过程和相同的机械装备中，也可能因制造、安装、操作状态和管理水平不同，它们的故障发生频度、故障表现的形式和特征是不相同的。有些复杂的机械系统，故障形成的机理还不太清楚，而有些机械系统，即使机械故障机理清楚，但是有哪些因素形成故障，各种因素影响的程度有多少，有时亦往往难以确定。在设备故障诊断过程中，还存在故障征兆和故障原因关系之间的不确定性，一种故障征兆可能来自多种故障原因；反之，一种故障原因也会表现出多种故障征兆。这种表象和成因之间的模糊性，给设备诊断工作带来一定难度。需要人们不断探索，积累经验，寻求新的诊断理论和方法。

4.2.3.7 故障排除

要彻底排除故障，必须要清楚故障发生的原因，还要知道故障的范围。作为工程师一定要掌握一定的专业理论知识，物联网安装调试员与其他工种相比，专业知识覆盖面广，理论性与操作性都比较强。在实际工作中，排除故障往往动脑时间比动手的时间长，一旦找出故障点，修复则比较简单。

经过排查与分析，发现了系统中存在联动故障，也就是多个故障，包括多模链路控制器以太网连接失败、联动控制器的地址被修改、激光对射传感器损坏、温湿度传感器损坏等，下面将逐一进行处理。

1. 多模链路控制器故障排除

针对多模链路控制器无法通信、数据无法进行交换等故障现象，首先应查看设备配置，如果发现参数配置完整，并无丢失或保存无效的情况，故障范围可以缩小至多模链路控制器本身。将网线与多模链路控制器连接后，如果链路器的网络连接指示灯无任何反应，可以断定多模链路控制器的网络模块或内部芯片损坏，可采用更换多模链路控制器的方法解决，具体更换方法与配置详见任务2.2多模链路控制器安装与配置。设备更换后重新连接网络，查看云平台多模链路控制器上线状态，若界面如图4-29所示，表明多模链路控制器的故障已排除。

2. 联动控制器故障排除

联动控制器在系统中扮演着"中间层"的角色，负责信号执行，即对外设进行控制。联动控制器出现问题后，会出现云端无法远程控制外部设备、激光对射信号云端无法检测等现象。经测试与分析，发现存在联动控制RS-485通信数据无效，应考虑存在通信问题，此时需要连接USB TO 485 CABLE模块进行通信测试。使用SSCOM串口调试助手发送温湿度传感器地址访问码，如果能够正常接收到温湿度传感器的地址应答码，可判定温湿度传感器的RS-485通信正常。证明计算机端与RS-485类型传感器通信正常。此种情况下我们需要借助"DAM 调试软件"（联动控制器调试工具）对联动控制器进行直接访问，对其进行控制操作，操作界面如图4-30所示。

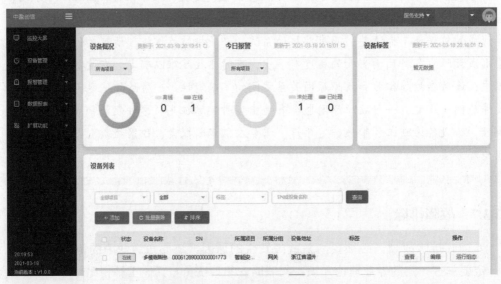

图4-29　多模链路控制器上线

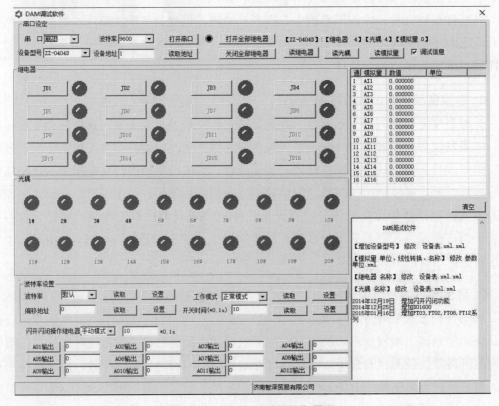

图4-30　"DAM调试软件"界面

对联动控制器进行访问的操作步骤如下。

步骤1：选择正确的串口号。由于所安装的驱动程序不同，需要在"设备管理器"设备列表中对串口号加以确认。本例联动控制器使用的串口号为"COM4"，如图4-31所示。

步骤2：打开串口设置界面，单击"DAM调试软件"中"继电器"选项组的"JD1""JD2"按钮，观察联动控制器的输出端口输出继电器信号指示灯能不能点亮。

当单击"JD1""JD2"按钮后联动控制器输出端口输出继电器信号指示灯不亮，此时应考虑存在联动控制器地址设置错误，其原因有可能是工作人员无意间拨动了联动控制器的拨码开关。经查看当前联动控制器拨码开关是"5"，而系统要求地址是"1"，此刻可以确认是联动控制器地址错误导致故障，解决办法是将拨码开关"1"拨至"ON"状态，其他拨码开关仍为"OFF"，如图4-32所示。

3. 激光对射传感器故障排除

传感器自身的故障是众多故障当中比较常见的一种。本任务所涉及的小区入侵检测功能失效问题，在排除联动控制器故障后如果依旧存在，则需对激光对射传感器进行检查。对传感器的检查要从传感器周边状况、外部供电电压、信号输出等方面入手。

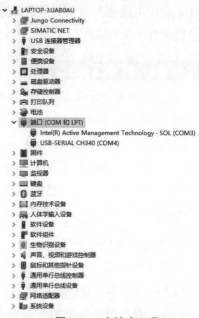

图4-31　本地串口号

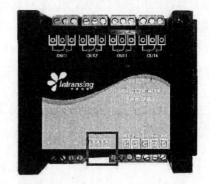

图4-32　地址拨码设置

传感器周边状况的检查：对传感器各部位进行外部检查，看是否有短路、断路、脏污、脱开、连线、水泡、腐蚀、氧化、接触不良、传感器变形等情况。

外部电压的检查：为防止有源传感器由于没有供给电源而导致不能正常工作，要对外部电源进行检查。如果电源不正常，则应检查线路。

输出信号检查：主要是将传感器连接到已检查判定为正常状态的外部线路中，对传感器输出信号进行检查。

无论哪种传感器都可以在模拟工作状态下进行输出信号的检查。需要说明的是，传感器必须在正确供给工作电源的情况下，才可以对传感器输出信号进行检测。对输出信号的检查可以使用万用表的电压挡或电流挡进行，但万用表对输出信号只能做简单的判断，若要更精确地判断出信号，则要使用示波器。

通过上述检查发现，激光对射传感器自身电压供电正常，但没有输出信号，电源指示灯不亮，由此基本可断定激光对射传感器发射管损坏，解决办法是更换激光对射传感器的发射管。

知识链接：数字示波器

数字示波器是集数据采集、A/D 转换、软件编程等于一体的高性能示波器。数字示波器一般支持多级菜单，能提供给用户多种选择，具有多种分析功能。还有一些示波器可以提供存储功能，实现对波形的保存和处理。目前高端数字示波器主要依靠美国技术，对于 300MHz 带宽之内的示波器，目前国内品牌的示波器已经可以在性能上和国外品牌抗衡，且具有明显的性价比优势。

---

4. 温湿度传感器故障排除

温湿度传感器发生故障，云平台监控界面上温湿度值均为0，如图4-33所示。

此时，温湿度传感器地址能正常访问，串口调试助手能够收到返回的数据，但返回的温湿度数值均为0，如图4-34所示。因此，可以判定温湿度传感器的检测传感头这个核心部件已经损坏，只能通过更换温湿度传感器予以解决，具体操作步骤见任务1.4。

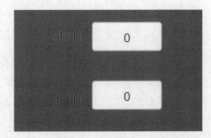

图4-33 温湿度值界面

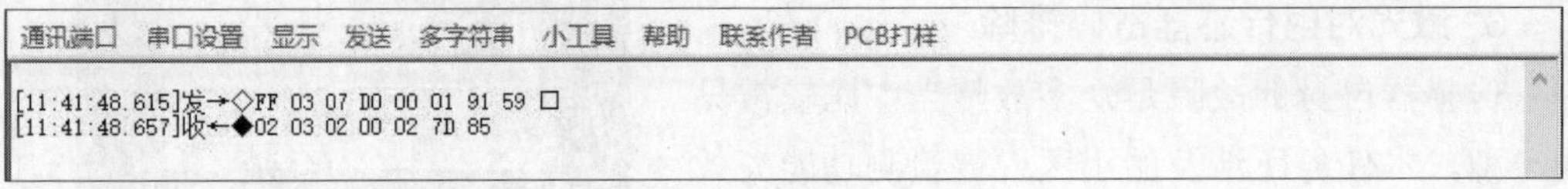

```
通讯端口  串口设置  显示  发送  多字符串  小工具  帮助  联系作者  PCB打样

[11:41:48.615]发→◇FF 03 07 D0 00 01 91 59 □
[11:41:48.657]收←◆02 03 02 00 02 7D 85
```

图4-34 温湿度应答值

知识链接：故障排除步骤提要

（1）调查研究。首先从以下几方面了解故障发生时的情况：详细询问操作者；通过看、听、闻、摸等方法，查看是否有破损、杂声、异味、过热等特殊现象；确定无危险的情况下，通过测试判定故障所在，这是分析故障的基础。

（2）分析故障、确定故障范围。根据故障的现象，先动脑、后动手，结合设备的原理及控制特点进行分析，确定故障发生在什么范围内。

（3）排除故障的过程就是分析、检测和判断，逐步缩小故障范围。一般情况下以设备的动作顺序或者信号传递的顺序为排除故障时的分析、检测顺序，先检查电源、再检查线路和负载。

4.2.3.8　运行交付

经过检测与故障排除，将系统中出现的问题逐一修复，再次进行全面测试，确保云平台的数据采集与控制恢复正常后，交付用户使用。正常运行效果如图4-35所示。

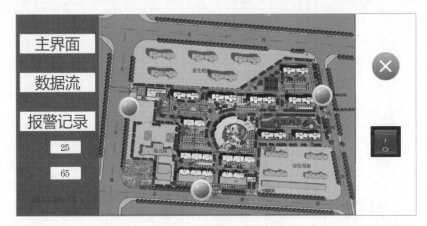

图4-35　云平台监控大屏

4.2.4　知识提炼

4.2.4.1　物联网体系架构

常用的物联网体系结构有：ITU-T物联网体系结构、基于M2M的物联网体系结构、基于EPC的物联网体系结构和基于SOA的物联网基础架构。

1．ITU-T物联网体系结构

国际电信联盟远程通信标准化组织早在2005年就开始进行物联网的研究，可以说是最早进行物联网研究的标准组织，其研究的内容主要集中在物联网的总体框架、标识及应用三方面。ITU-T将物联网体系结构划分为感知层、网络层、处理层和应用层，如图4-36所示。

1）感知层

感知层是物联网的"皮肤"和"五官"，用于识别物体、采集信息、通信和协同信息处理等。感知层主要包括二维码标签、RFID标签和读写器、摄像头、M2M终端、导航定位装置、各种传感器或局部传感网络等。

2）网络层

网络层是物联网的神经中枢，又称为传输层，负责感知信息或控制信息的传输。物联网通过信息在物体间的传输可以虚拟成为一个更大的"物体"，或者通过网络将感知信息传输到更远的地方。网络层包括通信网与互联网的融合网络、广电网、电网、专用网等。

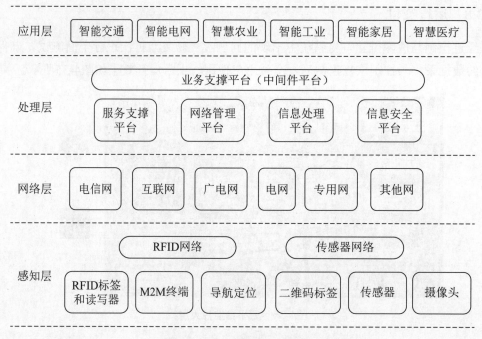

图4-36　ITU-T物联网体系结构

3）处理层

处理层是物联网的大脑，又称为平台层或支撑层，对感知层通过网络层传输的信息进行动态汇集、存储、分解、合并、数据分析、数据挖掘等智能处理，并为应用层提供物理世界所对应的动态呈现等。处理层主要包括由服务支撑、网络管理、信息处理和信息安全四大平台共同构建的业务支撑平台（即中间件平台），以及数据库、云计算、智能信息处理、智能软件等技术支撑。

4）应用层

应用层是物联网与行业专业技术的深度融合，结合行业需求实现行业智能化，这类似于人类的社会分工。应用层实现物联网的各种具体的应用并提供服务，具有广泛的行业结合的特点。应用层依赖感知层、网络层和处理层共同完成所需要的具体服务。

2. 基于M2M的物联网体系结构

在物联网参考业务体系架构中，业务网是实现物联网业务能力和运营支撑能力的核心组成部分。业务网位于核心网与应用层之间，由通信业务能力层、物联网业务能力层、物联网业务接入层和物联网业务管理层组成，可以提供通信业务的能力、物联网业务的能力、业务能力统一封装、业务路由分发、应用接入管理、业务鉴权和业务运营管理等核心功能。基于M2M的物联网体系结构如图4-37所示。

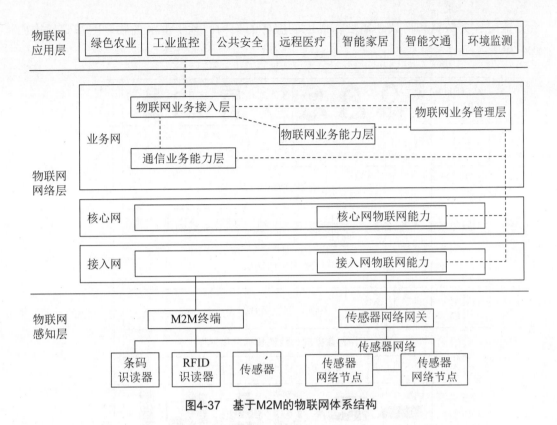

图4-37 基于M2M的物联网体系结构

3. 基于EPC的物联网体系结构

EPC Global标准化组织关于物联网的描述：一个物联网主要由EPC编码体系、射频识别系统及信息网络系统三个部分组成。基于EPC的物联网（RFID）应用系统工作过程如图4-38所示。

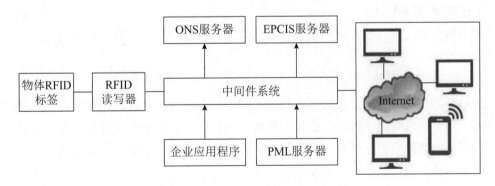

图4-38 基于EPC的物联网体系结构

4. 基于SOA的物联网基础架构

在实际的生产实践过程中通常包含不同类型的硬件和软件，数据格式和通信协议也存在多种标准兼容性的问题，物联网为这些基础设施提供了信息标识，使这些带有RFID的嵌入式设备可以作为生产者，同时也可以作为消费者出现。但是对于服务的整合、兼容各类数据和协议还需要借助面向服务的架构。基于SOA的物联网基础架构如图4-39所示。

图4-39　基于SOA的物联网基础架构

4.2.4.2 物联网相关技术

1. 物联网关键技术

物联网关键技术包括传感和识别、网络通信、海量信息智能处理和面向服务的体系架构等技术。

1）传感和识别技术

通过感知和识别技术，让物品"开口说话、发布信息"是融合物理世界和信息世界的重要一环。物联网的"触手"是位于感知识别层的大量信息生成设备，其中传感器将物理世界中的物理量、化学量、生物量转化成可供处理的数字信号；识别技术实现对物联网中物体标识和位置信息的获取。

2）网络通信技术

网络通信技术主要实现物联网数据信息和控制信息的双向传递、路由和控制。网络通信技术主要包括低速近距离无线通信技术、低功耗路由、自组织通信、无线接入M2M通信增强、IP承载技术、网络传送技术、异构网络融合接入技术以及认知无线电技术。

3）海量信息智能处理

海量信息智能处理是指综合运用高性能计算、人工智能、数据库和模糊计算等技术，对收集的感知数据进行通用处理，重点涉及数据存储、并行计算、数据挖掘、平台服务、信息呈现等。

4）面向服务的体系架构

面向服务的体系架构简称SOA，是一种松耦合的软件组件技术，它将应用程序的不同功能模块化，并通过标准化的接口和调用方式联系起来，实现快速可重用的系统开发和部署。SOA可提高物联网架构的扩展性，提升应用开发效率，充分整合和复用信息资源。

2. 物联网支撑技术

物联网支撑技术包括嵌入式系统、微机电系统、软件和算法、电源和储能、新材料等。

1）嵌入式系统

嵌入式系统能满足物联网对设备功能、可靠性、成本、体积、功耗等的综合要求，可以按照不同应用定制裁剪的嵌入式计算机技术，是实现物体智能的重要基础。

2）微机电系统

微机电系统可实现对传感器、执行器、处理器、通信模块、电源系统等部件的高度集成，是支撑传感器节点微型化、智能化的重要技术。

3）软件和算法

软件和算法是实现物联网功能、决定物联网行为的主要技术，重点包括各种物联网计算机系统的感知信息处理、交互与优化软件和算法、物联网计算系统体系结构与软件平台研发等。

4）电源和储能

电源和储能是物联网关键支撑技术之一，包括电池技术、能量储存、能量捕获、恶劣情况下发电、能量循环、新能源等技术。

5）新材料

新材料主要是指应用于传感器的敏感元件实现的材料。传感器敏感材料包括湿敏材料、气敏材料、热敏材料、压敏材料、光敏材料等。新敏感材料的应用可以使传感器的灵敏度、尺寸、精度、稳定性等特性获得改善。

3. 物联网共性技术

物联网共性技术涉及网络的不同层面，主要包括架构、标识和解析、安全和隐私、网络管理等。

1）架构

物联网架构技术目前处于概念发展阶段。物联网需要具有统一的架构、清晰的分层、支持不同系统的互操作性、适应不同类型的物理网络、适应物联网的业务特性。

2）标识和解析技术

标识和解析技术是对物理实体、通信实体和应用实体赋予的或其本身固有的一个或一组属性，并能实现正确解析的技术。物联网标识和解析技术涉及不同的标识体系、不同体系的互操作、全球解析或区域解析、标识管理等。

3）安全和隐私技术

安全和隐私技术包括安全体系架构、网络安全技术、"智能物体"的广泛部署对社会生活带来的安全威胁、隐私保护技术、安全管理机制和保证措施等。

4）网络管理技术

网络管理技术重点包括管理需求、管理模型、管理功能、管理协议等。为实现对物联网广泛部署的"智能物体"的管理，需要进行网络功能的适应性分析，开发适合的管理协议。

4.2.4.3 物联网行业应用

1. 智慧物流

智慧物流是新一代信息技术应用于物流行业的统称，指的是以物联网、大数据、人工智能等信息技术为支撑，在物流的运输、仓储、包装、装卸、配送等各个环节实现系统感知、全面分析及处理等功能。智慧物流的实现能大大地降低各行业运输的成本，提高运输效率，提升整个物流行业的智能化和自动化水平。物联网应用于物流行业主要体现在仓储管理、运输监测和智能快递柜三个方面。智能物流应用场景如图4-40所示。

2. 智能交通

智能交通是将先进的信息技术、数据传输技术以及计算机处理技术集成到交通运输管理体系中，使人、车和路能够紧密地配合，改善交通运输环境，保障交通安全以及提高资源利用率。具体应用场景包括智能公交车、共享单车、汽车联网、智慧停车以及智能红绿灯等。智能交通应用场景如图4-41所示。

图4-40　智慧物流

图4-41　智能交通

3. 智能安防

智能安防核心是智能安防系统，主要包括门禁、报警和监控三大部分。传统安防对人员的依赖性比较大，非常耗费人力，而智能安防能够通过设备实现智能判断。智能安防应用场景如图4-42所示。

4. 智慧能源

智慧能源属于智慧城市的一部分。当前，将物联网技术应用在能源领域，主要用于水、电、燃气等表计以及根据外界天气对路灯的远程控制等方面，基于环境和设备进行物体的感知，通过监测，提升利用效率，减少能源损耗。根据实际情况，智慧能源分为智能水表、智能电表、智能燃气表、智慧路灯四大应用场景。智能能源应用场景如图4-43所示。

图4-42　智能安防

图4-43　智慧能源

5. 智能医疗

智能医疗包括医疗可穿戴设备和数字化医院两大应用场景。物联网技术是医疗数据获取的主要途径，能有效地帮助医院实现对人和物的智能化管理。对人的智能化管理指通过传感器对人的生理状态（如心跳频率、体力消耗、血压高低等）进行捕捉，将它们记录到电子健康文件中，方便个人或医生查阅。对物的智能化管理指通过RFID技术对医疗物品进行监控与管理，实现医疗设备、用品可视化。智能医疗应用场景如图4-44所示。

6. 智慧建筑

物联网应用于建筑领域，主要体现在用电照明、消防监测以及楼宇控制等方面。建筑是城市的基石，技术的进步促进了建筑的智能化发展，物联网技术的应用让建筑向智慧建筑方向演进。智慧建筑通过设备进行感知、传输并远程监控，不仅能够节约能源，也能减少参与运维的人员。而对于古建筑，也可以进行白蚁（以木材为生的一种昆虫）监测，进而达到保护古建筑的目的。智能建筑应用场景如图4-45所示。

图4-44 智能医疗

图4-45 智慧建筑

7. 智能制造

物联网技术赋能制造业，实现工厂的数字化和智能化改造。制造领域的市场体量巨大，是物联网的一个重要应用领域。通过在设备上加装物联网装备，使设备厂商可以随时随地远程对设备进行监控、升级和维护等操作，更好地了解产品的使用状况，完成产品全生命周期的信息收集，指导产品设计和售后服务。智能制造应用场景如图4-46所示。

8. 智能家居

智能家居的发展分为三个阶段：单品连接、物物联动以及平台集成。当前的发展处于单品连接向物物联动的过渡阶段。智能家居指的是使用各种技术和设备，来提高人们的生活体验，使家庭变得更舒适、安全和高效。物联网应用于智能家居领域，能够对家居类产品的位置、状态、变化进行监测，分析其变化特征，同时根据人的需要，在一定程度上进行反馈。其发展的方向是，首先连接智能家居单品，随后走向不同单品之间的联动，最后向智能家居系统平台发展。智能家居应用场景如图4-47所示。

图4-46 智能制造

图4-47 智能家居

9. 智能零售

智能零售依托于物联网技术，主要体现在自动售货机和无人便利店两大应用场景。行业内将零售按照距离分为三种形式：远场零售、中场零售、近场零售，三者分别以电商、商场与超市、便利店与自动售货机为代表。物联网技术可以用于近场和中场零售，且主要应用于近场零售，即无人便利店和自动（无人）售货机。智能零售通过将传统的售货机和便利店进行数字化升级、改造，打造成无人零售模式，还可以通过数据分析，并充分运用门店内的客流和活动，为用户提供更好的服务，为商家提供更高的经营效率。智能零售应用场景如图4-48所示。

10. 智慧农业

智慧农业指利用物联网、人工智能、大数据等现代信息技术与农业生产进行深度融合，实现农业生产全过程的信息感知、精准管理和智能控制的一种全新的农业生产方式，可实现农业生产可视化诊断、远程控制以及灾害预警等功能。智慧农业应用场景如图4-49所示。

图4-48　智能零售

图4-49　智慧农业

4.2.5　任务评估

任务完成后，施工人员请根据任务完成情况进行相互检查、评价并填写任务评估表（表4-9）。

表4-9　任务评估表

检查内容	检查结果	满意率		
预设故障是否已排除	是□　否□	100%□	70%□	50%□
系统是否恢复为出厂状态	是□　否□	100%□	70%□	50%□
能否通过云平台控制联动控制器	是□　否□	100%□	70%□	50%□
温湿度传感器电源供电是否正确，RS-485通信导线连接是否正确	是□　否□	100%□	70%□	50%□
计算机与温湿度传感器是否能正常通信	是□　否□	100%□	70%□	50%□
完成任务后使用的工具是否摆放、收纳整齐	是□　否□	100%□	70%□	50%□
完成任务后工位及周边的卫生环境是否整洁	是□　否□	100%□	70%□	50%□

4.2.6　拓展练习

▶▶ 理论题：

1. 开关电源的输出电压是（　　）。

A. DC 12V　DC 5V

B. AC 12V　DC 12

C. DC 24V　AC 5V

D. AC 24V　DC 12V

2. 物联网云平台监控大屏显示的温湿度数据正常，但入侵信号检测不到，可能是以下（　　）造成的。

A. 温湿度传感器损坏

B. 多模链路控制器网络连接问题

C. 联动控制器问题

D. 激光对射传感器问题

3. 联动控制器地址设置采用哪种方式？（　　）

A. 使用串口助手进行地址设置

B. 使用DAM软件进行地址设置

C. 拨动拨码开关进行地址设置

D. 自动设置地址

4. 本节讲述的故障类型分几种？分别是哪几种？（　　）

A. 2种；电源类故障、网络故障

B. 1种；网络故障

C. 4种；电源类故障、通信类故障、开路故障、网络故障

D. 5种；电源类故障、通信类故障、开路故障、网络故障、设备损坏故障

5. 故障检测常用的仪器仪表是（　　）。

A. 万用表

B. 毫伏表

C. 直流稳压电源

D. 示波器

▶▶ 操作题：

请在物联网云平台监控大屏界面原有的基础上，新增加一个故障报警界面，要求是系统一旦出现故障，此故障界面能主动弹出报警信息。

4.3　项目总结

本章介绍的任务完成后，施工人员可根据表4-10中的要求，对自己打分并填入表中。

表4-10　任务完成度评价表

任务	要求	权重	分值
日常巡检与系统功能升级	能够运用日常巡检方法，对照巡检表对处于运行系统的智慧安防和智慧环境两个子系统进行巡检；能够根据积水检测和巡检安全等新需求，通过增装水浸传感器和限位开关来实现物联网系统的功能升级	45	
系统故障检测与排除	能够鉴别电源、网络、通信、开路、设备损坏等不同的故障类别；能够使用万用表、示波器等仪表设备，采用相应的故障检测方法检测与排除故障，让系统稳定持续地运行	45	
项目总结	呈现项目实施效果，做项目总结汇报	10	

总结与反思

项目学习情况：
心得与反思：